职业院校智能制造专业"十四五"系列教材

三菱FX3U PLC
应用技术

广东汇邦智能装备有限公司 组编

主　编　陈　乾

副主编　杨　欣

参　编　刘宇群　张华聪　吴　勇

机械工业出版社

CHINA MACHINE PRESS

本书通过企业中常用的项目案例来讲解三菱FX3U系列PLC的基本指令、步进顺控、SFC编程语言、功能指令、特殊功能指令（定位、A/D、D/A）、网络通信的编程与应用。本书按照任务驱动模式编写，并根据企业现场项目来设计任务，部分任务配备现场实操视频，使读者能够跟着操作，便于理解，能激发读者的学习热情。

本书可作为高职高专、应用型本科院校电气自动化、机电一体化、机器人工程等相关专业的教材，也可供从事自动化相关工作的工程技术人员学习参考。

图书在版编目（CIP）数据

三菱FX3U PLC应用技术/广东汇邦智能装备有限公司组编；陈乾主编. —北京：机械工业出版社，2021.5（2024.8重印）

职业院校智能制造专业"十四五"系列教材

ISBN 978-7-111-68142-7

Ⅰ.①三…　Ⅱ.①广…②陈…　Ⅲ.①PLC技术-职业教育-教材

Ⅳ.①TM571.61

中国版本图书馆CIP数据核字（2021）第081096号

机械工业出版社（北京市百万庄大街22号　邮政编码100037）
策划编辑：陈玉芝　责任编辑：陈玉芝　王振国
责任校对：樊钟英　封面设计：马精明
责任印制：张　博
北京中科印刷有限公司印刷
2024年8月第1版第6次印刷
184mm×260mm·13.75印张·334千字
标准书号：ISBN 978-7-111-68142-7
定价：39.80元

电话服务　　　　　　　　网络服务
客服电话：010-88361066　　机　工　官　网：www.cmpbook.com
　　　　　010-88379833　　机　工　官　博：weibo.com/cmp1952
　　　　　010-68326294　　金　书　网：www.golden-book.com
封底无防伪标均为盗版　机工教育服务网：www.cmpedu.com

前　言

随着新一轮科技革命和产业变革的到来，2015 年 5 月 8 日，国务院正式印发了《中国制造 2025》，部署全面推进实施制造强国战略。由此，越来越多的企业在进行生产线升级改造，实施自动化生产线、智能制造车间、数字化工厂等。目前，自动化生产线中的控制设备使用最多的控制器还是 PLC。三菱 PLC 已有 40 多年的发展历史，在我国工业生产中占有很高的市场份额。FX3U 系列 PLC 是第三代微型可编程序控制器，集合了多种现场应用功能，可满足不同的自动化需求。本书即是以三菱 FX3U 系列 PLC 为介绍对象，依照高职高专自动化类专业的人才培养目标，结合企业实际技术需求与特点编写而成的理论实践一体化教材。

本书针对职业教育的特点，力求通俗易懂，以项目和任务的形式来引入所学的内容。全书共分为 5 个项目，讲述了 PLC 基础知识、GX Works2 软件介绍、PLC 基本控制系统设计、顺序控制系统设计、复杂功能控制系统设计。项目中的大部分任务配备了相应的实操视频，读者可免费浏览，更加方便读者学习和教师教学。

操作视频观看方式

微信扫描左侧"大国技能"微信公众号

关注后回复"FX3U　PLC"

即可观看相应实操视频

本书由广东汇邦智能装备有限公司组织编写，陕西科技大学镐京学院参与编写。陈乾任主编，杨欣任副主编，参与编写的还有刘宇群、张华聪和吴勇。

因编者水平有限，书中难免有疏漏和错误之处，恳请读者批评指正。

编　者

目　录

项目1　PLC基础知识

任务 1.1　认识 PLC

一、任务目标

1）熟悉 PLC 的定义、常用 PLC 品牌及其型号。
2）熟悉 PLC 的应用领域。
3）掌握 PLC 控制系统与继电器—接触器控制系统的区别。

二、任务要求

1）了解常用的 PLC 品牌与型号。
2）上网查阅各大品牌官网并搜集相关 PLC 使用手册。

三、相关知识介绍

1. PLC 的定义

PLC 即可编程序控制器（Programmable Controller），早期的可编程序控制器称作可编程逻辑控制器（Programmable Logic Controller），用它来代替继电器—接触器控制系统实现逻辑控制。随着微电子技术、计算机技术、通信技术等的飞速发展，可编程序控制器的功能已大大超过了逻辑控制的范围。

为了确定 PLC 的性质，国际电工委员会（IEC）对 PLC 做出如下定义：PLC 是一种数字运算操作的电子系统，专为在工业环境下应用而设计。它采用可编程的存储器，用来存储执行逻辑运算、顺序控制、定时、计数和算术运算等操作指令，并通过数字式或模拟式的输入/输出，控制各种类型的机械或生产过程。PLC 及其相关设备都应按易于与工业控制系统形成一个整体和易于扩展功能的原则设计。

2. PLC 的产品

随着 PLC 市场的不断扩大，PLC 生产已经发展成为一个庞大的产业，其主要厂商集中在一些欧美国家及日本。PLC 市场占有比例如图 1-1 所示。美国与欧洲一些国家的

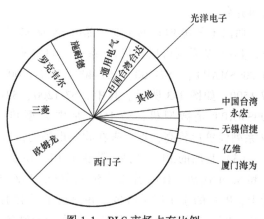

图 1-1　PLC 市场占有比例

PLC是在相互隔离的情况下独立研究开发的，产品有比较大的差异；日本的PLC则是从美国引进的，对美国的PLC产品有一定的继承性。另外，日本的主推产品定位在小型PLC上，而欧美国家则以大、中型PLC为主。

（1）日本的PLC产品　日本的PLC产品在小型机领域颇具盛名。某些用欧美国家的中型或大型机才能实现的控制，日本小型机就可以解决。日本有许多PLC制造商，如三菱、欧姆龙、松下、富士、日立和东芝等，图1-2所示为三菱、欧姆龙、松下的PLC产品。在世界小型机市场，日本的产品约占70%的份额。

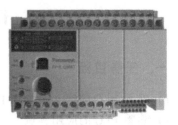

三菱　　　　　　　　　　　　欧姆龙　　　　　　　　　　松下

图1-2　日本三菱、欧姆龙、松下的PLC产品

三菱的PLC主要以微型机为主。在中国市场，常见的PLC型号有FX5U、FX3U、FX2NC；中、大型机还有Q系列等。

欧姆龙（Omron）公司的PLC产品，大、中、小和微型规格齐全。微型机以CP系列为代表，小型机有CPM2C、CQM1H、CJ1M系列等，中型机有C200H、CJ1、CS1系列。此外还有与触摸屏一体化的NSJ系列、集高功能运动控制和现场IoT的网络于一身的Sysmac入门机型NX1P系列。

在松下公司的PLC产品中，FPOR、FP0H为整体式微、小型机，FP2SH、FP-X0为中、大型机。

（2）欧洲的PLC产品　德国的西门子（Siemens）公司和法国的TE公司、施耐德（Schneider）公司是欧洲著名的PLC制造商。德国西门子公司的电子产品以性能精良而久负盛名，在大、中型PLC产品领域与美国的A-B公司齐名。

西门子公司PLC的主要产品有S5及S7系列，其中S7系列可以替代S5系列。S7系列含S7-200SMART、S7-300、S7-400、S7-1200、S7-1500，如图1-3所示。其中，S7-1200、S7-200SMART是微型机，S7-1500是中大型机。

图1-3　西门子S7-1200 PLC

S7系列性价比较高，近年来在我国市场的占有份额不断上升。

（3）我国的PLC产品　我国的PLC研制、生产和应用发展也很快。在20世纪70年代末和80年代初，我国引进了不少国外的PLC成套设备。此后，在传统设备改造和新设备设计中，PLC的应用逐年增多，并取得了显著的经济效益。我国从20世纪90年代开始生产PLC，也拥有较多的PLC品牌，如中国台湾的永宏、台达等，北京的和利时、凯迪恩等，无锡的信捷，深圳的汇川等。台达和汇川的 PLC 如图 1-4 所示。

台达   汇川

图 1-4 台达和汇川的 PLC

3. PLC 的产生与发展

PLC 产生于 20 世纪 60 年代末。1968 年，美国通用汽车公司提出取代继电器控制装置的要求；1969 年，美国数字设备公司研制出第一台可编程序控制器，应用于通用汽车公司的生产线，取代生产线上的继电器—接触器控制系统，开创了工业控制的新纪元。1971 年，日本开始生产可编程序控制器，德、英、法等国相继开发了适于本国的可编程序控制器，并推广使用。1974 年，我国也开始研制生产可编程序控制器，1977 年应用于工业。经过近 40 年的发展，可编程序控制器已经成为工业自动化的三大支柱（PLC 技术、机器人、计算机辅助设计和制造）之一。

目前，为了适应市场的需求，增强 PLC 在自动化产业的应用程度，PLC 正在向着两个方向发展：

① 为了更加深层次地取代继电器—接触器控制，低档 PLC 向小型体积、简易操作、廉价的方向发展。

② 为了扩大 PLC 在复杂工业控制中的综合应用，中高档 PLC 向大型、高速、功能多样化方向发展。

4. PLC 的特性

（1）PLC 的特点

1）使用灵活、通用性强。PLC 用程序代替了继电器控制逻辑，生产工艺流程改变时，只需修改用户程序，不必重新安装布线，十分方便。结构上采用模块组合式，可像搭积木那样扩充控制系统规模，增减其功能，容易满足系统要求。

2）编程简单、易于掌握。PLC 采用专门的编程语言，指令少，简单易学。通用的梯形图语言，直观清晰，对于熟悉继电器—接触器控制电路的工程技术人员和现场操作人员来讲很容易掌握。

3）可靠性高，能适应各种工业环境。PLC 面向工业生产现场，采取了屏蔽、隔离、滤波、联锁等安全防护措施，可有效地抑制外部干扰，能适应各种恶劣的工业环境，具有极高的可靠性；其内部处理过程不依赖于机械触点，所用元器件都经过严格筛选，其寿命几乎不用考虑；在软件上有故障诊断与处理功能。

4）接口简单、维护方便。PLC 的输入、输出接口设计成可直接与现场强电相接，有24V、48V、110V、220V 交流、直流等电压等级产品，组成系统时可直接选用。接口电路一般为模块式，便于维修更换。有的 PLC 的输入、输出模块可带电插拔，实现不停机维修，大大缩短了故障修复时间。

5）体积小、重量轻、功耗低。由于 PLC 采用半导体大规模集成电路，因此整个产品结构紧凑，体积小、重量轻、功耗低。以三菱公司生产的 FX3G-24M 为例，其外形尺寸仅为130mm×90mm×87mm，重量只有600g，功耗小于50W。所以 PLC 很容易装入机械设备内部，是实现机电一体化理想的控制设备。

（2）PLC 控制系统与继电器—接触器控制系统的比较

1）组成器件不同。继电器—接触器控制系统是由许多硬件继电器、接触器组成的，而 PLC 控制系统则是由许多"软继电器"组成的。传统的继电器—接触器控制系统用了大量的机械触点，物理性能疲劳、尘埃的隔离性及电弧的影响，使系统可靠性大大降低。而 PLC 控制系统采用无机械触点的微电子技术，复杂的控制由 PLC 控制系统内部的运算器完成，故寿命长，可靠性高。

2）触点数量不同。继电器和接触器的触点数较少，一般只有4~8对；而"软继电器"可提供编程的触点数有无限对。

3）控制方法不同。继电器—接触器控制系统是通过元器件之间的硬接线来实现的，其控制功能是固定的；而 PLC 控制功能是通过软件编程来实现的，只要控制负载不变，改变程序，即可改变功能。

4）工作方式不同。在继电器—接触器控制电路中，当电源接通时，电路中各继电器都处于受制约状态；而在 PLC 控制系统中，各"软继电器"都处于周期性循环扫描接通中，每个"软继电器"受制约接通的时间是短暂的。

5. PLC 的分类

（1）按容量分类　大致可分为"小""中""大"三种类型。

1）小型 PLC。I/O 点总数一般小于或等于256点。其特点是体积小，结构紧凑，整个硬件融为一体，除了开关量 I/O 以外，还可以连接模拟量 I/O 以及其他各种特殊功能模块。它能执行包括逻辑运算、计时、计数、算术运算、数据处理和传送、通信联网以及各种应用指令。如三菱 FX3U、FX5U 系列，西门子公司的 S7-1200 系列。

2）中型 PLC。I/O 点总数通常为256~2048点，内存在8KB以下，I/O 的处理方式除了采用一般 PLC 通用的扫描处理方式外，还能采用直接处理方式，即在扫描用户程序的过程中，直接读输入、刷新输出。它能连接各种特殊功能模块，通信联网功能更强，指令系统更丰富，内存容量更大，扫描速度更快。

3）大型 PLC。一般 I/O 点数在2048点以上的称为大型 PLC。大型 PLC 的软、硬件功能极强，具有极强的自诊断功能。通信联网功能强，有各种通信联网的模块，可以构成三级通信网，实现工厂生产管理自动化，如三菱的 Q 系列，西门子的 S7-1500 系列。

（2）按硬件结构分类　按结构分可将 PLC 分为整体式 PLC、模块式 PLC、叠装式 PLC 三类。

1）整体式 PLC。它将 PLC 各组成部分集装在一个机壳内，输入、输出接线端子及电源进线分别在机箱的上、下两侧，并有相应的发光二极管显示输入/输出状态。面板上留有编程器的插座、EPROM 存储器插座、扩展单元的接口插座等。编程器和主机是分离的，程序编写完毕后即可拔下编程器。

具有这种结构的可编程序控制器结构紧凑、体积小、价格低。只有小型 PLC 采用整体式结构，由于输入/输出点数固定，不便于系统升级，现在基本被淘汰。图1-5所示为三菱

FX-1S 系列 PLC 的外形。

2）模块式 PLC。输入/输出点数较多的大、中型和部分小型 PLC 采用模块式结构。

模块式 PLC 采用积木搭接的方式组成系统，便于扩展，其 CPU、输入、输出、电源等都是独立的模块，有的 PLC 的电源包含在 CPU 模块之中。PLC 由框架和各模块组成，各模块插在相应插槽上，通过总线连接。PLC 厂家备有不同槽数的框架供用户选用。用户可以选用不同档次的 CPU 模块、品种繁多的 I/O 模块和其他

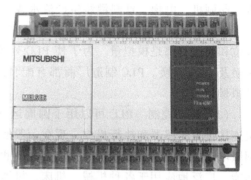

图 1-5　三菱 FX-1S 系列 PLC 的外形

特殊模块，硬件配置灵活，维修时更换模块也很方便。采用这种结构形式的有西门子的 S5 系列、S7-300/400 系列，欧姆龙的 C500、C1000H 及 C2000H 等以及小型 CQM 系列。图 1-6 所示为三菱 MELSEC-Q 系列 PLC 的外形。

3）叠装式 PLC。上述两种结构的 PLC 各有特色。整体式 PLC 结构紧凑、安装方便、体积小，易于与被控设备组成一体，但有时系统所配置的输入、输出点不能被充分利用，且不同 PLC 的尺寸大小不一致，不易安装整齐；模块式 PLC 点数配置灵活，但是尺寸较大，很难

图 1-6　三菱 MELSEC-Q 系列 PLC 的外形

与小型设备连成一体。为此开发了叠装式 PLC，它吸收了整体式 PLC 和模块式 PLC 的优点，其基本单元、扩展单元等高等宽；它们不用基板，仅用扁平电缆连接，紧密拼装后组成一个整齐的体积小巧的长方体，而且输入、输出点数的配置也相当灵活。带扩展功能的 PLC，扩展后的结构即为叠装式 PLC。图 1-7 所示为三菱公司 FX3U 系列 PLC 的外形。

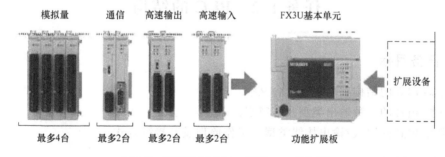

图 1-7　三菱公司 FX3U 系列 PLC 的外形

6. PLC 的应用领域

PLC 作为自动化领域重要的控制设备，应用非常广泛。其用途大致可以归纳为以下几个方面：

（1）开关量的逻辑控制　这是 PLC 最基本、最广泛的应用领域。PLC 具有"与""或""非"等逻辑指令，可以实现触点和电路的串、并联，代替继电器进行组合逻辑控制、定时控制与顺序逻辑控制，可用于单机控制、多机群控、自动化生产线的控制等。例如，注塑

机、印刷机、电梯、饮料灌装生产流水线、汽车、化工、造纸、轧钢自动生产线的控制等。

（2）模拟量控制　在工业控制过程中，有许多连续变化的量，如温度、压力、流量、液位和速度等都是模拟量。为了使 PLC 处理模拟量，必须实现模拟量和数字量之间的 A/D 转换及 D/A 转换。PLC 制造厂商都有配套的 A/D 和 D/A 模块，使 PLC 可以很方便地用于模拟量控制。

（3）运动控制　PLC 可以用于圆周运动或直线运动的控制。早期直接用开关量 I/O 模块连接位置传感器和执行机构，现在一般使用专用的运动控制模块，如可驱动步进电动机或伺服电动机的单轴或多轴位置控制模块。世界上各主要 PLC 厂家的产品几乎都有运动控制功能，广泛地应用于各种机械、机床、机器人、电梯等场合。

（4）过程控制　过程控制是指对温度、压力、流量等连续变化的模拟量的闭环控制。PID（比例、积分、微分）控制功能是一般闭环控制系统中用得较多的调节方法。目前的大中型 PLC 都有 PID 模块，许多小型 PLC 也具有 PID 功能。PID 控制功能一般是运行专用的 PID 子程序。过程控制在钢铁冶金、精细化工、锅炉控制、热处理等场合有非常广泛的应用。

（5）数据处理　现代的 PLC 具有数学运算（包括四则运算、矩阵运算、函数运算、字逻辑运算，以及求反、循环、移位、浮点数运算）、数据传送/转换、排序和查表、位操作等功能，可以完成数据的采集、分析及处理。这些数据可以与储存在存储器中的参考值比较，完成一定的控制操作，也可以利用通信功能传送到另外一台智能装置，或将它们打印制表。数据处理通常用于大、中型控制系统，如柔性制造系统、机器人的控制系统。

（6）通信联网　PLC 的通信包括主机与远程 I/O 之间的通信、多台 PLC 之间的通信、PLC 和其他智能控制设备（如计算机、变频器、数控装置）之间的通信。PLC 与其他智能控制设备一起，可以组成"集中管理、分散控制"的分布式控制系统，以满足工厂自动化系统发展的需要。各 PLC 或远程 I/O 按功能各自放置在生产现场分散控制，然后采用网络连接构成集中管理信息的分布式网络系统。

任务 1.2　PLC 的结构

一、任务目标

1）熟悉 PLC 的结构、名称及其含义。
2）掌握 PLC 的三种输出类型及其特点。
3）掌握 PLC 的输入/输出接线类型、工作原理及其接线方式。

二、任务要求

1）按照 PLC 的输入/输出接线图进行正确接线。
2）比较不同类型的传感器接入 PLC 的接线方式。

三、相关知识介绍

1. 三菱 FX3U 系列 PLC

三菱公司是日本生产 PLC 的主要厂家之一，先后生产的产品有 F、F1、F2、FX1S、

FX2N、FX2NC、FX3U 和 FX5U 等系列。其中 F 系列已经停产，而 FX3U 型 PLC 是三菱公司的新型产品，属于高性能小型机，系统最大 I/O 点数为 128 点，配置扩展单元后可以达到 256 点。FX 系列 PLC 在我国应用比较广泛。另外，三菱公司还生产 Q 系列 PLC，它属于中大型 PLC。本项目主要介绍的是日本三菱公司的 FX3U 系列 PLC。

2. 三菱 FX 系列 PLC 型号名称的含义

在 PLC 的正面，一般都有表示该 PLC 型号的文字符号，通过该符号可以获得该 PLC 的基本信息。FX 系列 PLC 的型号名称含义和基本格式（图 1-8）如下：

图 1-8　FX 系列 PLC 型号的基本格式

① 子系列名称：例如 1S、1N、2N、3U 等；如果后面加上"（C）"，则代表紧凑型，适合于空间比较狭小的地方。如 FX3U 是标准型，FX3U（C）是紧凑型。

② 输入/输出的总点数。

③ 单元类型：M 为基本单元，E 为输入/输出混合扩展单元与扩展模块，EX 为输入专用模块，EY 为输出专用扩展模块。

④ 输出形式：R 为继电器输出，内部电路如图 1-9 所示；T 为晶体管输出，内部电路如图 1-10 所示；S 为双向晶闸管输出，内部电路如图 1-11 所示。

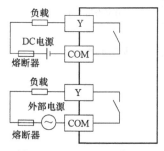
图 1-9　PLC 继电器输出型

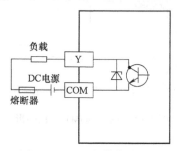
图 1-10　PLC 晶体管输出型

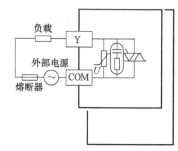
图 1-11　PLC 双向晶闸管输出型

继电器输出型 PLC 可以直接驱动 2A 以下的交流和直流负载，例如驱动一般的电磁阀、继电器。如果驱动的负载大于 2A，则可使用中间继电器进行信号中转控制；但触点的寿命较短，响应速度慢，转换频率较低，见表 1-1。

晶体管输出型 PLC 只能驱动 0.5A 以下的直流负载；但响应速度快，一般应用于输出高速脉冲，可以控制步进或伺服电动机，见表 1-1。

晶闸管输出型 PLC 只能直接驱动交流负载，但响应速度快，动作频率高，见表 1-1。

表 1-1　三种输出类型的比较

比较项目		继电器输出型	晶体管输出型	晶闸管输出型
外部电源		AC 250V，DC 30V 以下	DC 5~30V	AC 85~242V
最大负载	电阻负载	2A/1 点	0.5A/1 点 0.8A/1 点	0.3A/1 点 0.8A/1 点
	感性负载	80V·A	12W/DC 24V	15V·A/AC 100V
	灯负载	100W	1.5W/DC 24V	30W

（续）

比较项目	继电器输出型	晶体管输出型	晶闸管输出型
开路漏电流	—	0.1mA/DC 24V	1mA/AC 100V 或 2.4mA/DC 24V
响应时间	≈10ms	<0.2ms	<1ms
电路隔离	继电器隔离	光耦合隔离	光电晶体管隔离
动作显示	继电器通电时 LED 灯亮	光耦驱动时 LED 灯亮	光电晶体管驱动时 LED 灯亮

⑤ 电源和输入、输出类型等特性：无标记为 DC 输入，AC 电源；D 为 DC 输入，DC 电源；A 为 AC 输入，AC 电源；ES 为漏型输出，ESS 为源型输出。

例如：FX3U-48MT/ES 含义为 FX3U 系列，输入/输出总点数为 48 点，晶体管输出，AC 电源，DC 输入，漏型输出的基本单元。

图 1-12 为 FX3U-48MT 主机外形。PLC 面板上有运行/停止转换开关、通信端口、输入信号指示灯、输出信号指示灯、PLC 工作状态指示灯，以及两块翻盖下面的接线端子等。

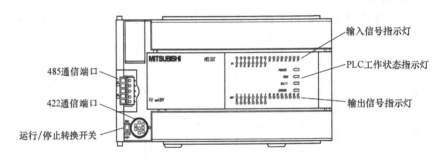

图 1-12　FX3U-48MT 主机外形

运行/停止转换开关用来切换 PLC 的工作状态。当切换到 STOP 位置时，PLC 处于停止状态，这时 PLC 可以下载程序，但不执行程序扫描工作；当 PLC 切换到 RUN 位置时，PLC 处于工作状态，这时 PLC 可以执行程序，对应的 RUN 指示灯亮。

PLC 为每一个输入信号配有一个指示灯。例如，当 X0 对应的端子有输入信号时，X0 对应的指示灯会亮，依此可判断 X0 输入信号的状态。同理，PLC 为每一个输出信号配有一个指示灯。例如，当 Y0 在程序中被驱动为 ON 时，Y0 对应的指示灯会亮，依此可判断 Y0 输出信号的状态。

POWER 为电源指示灯，当 PLC 接通工作电源时，POWER 灯就会亮。

RUN 为 PLC 运行指示灯，当 PLC 处于工作状态时，RUN 灯会亮，此时 PLC 可以执行扫描程序。

BATT 为电池指示灯，当电池电压降低、电压不够时，BATT 灯会亮。

ERROR 为出错指示灯，程序出错时闪烁，CPU 出错时灯亮，接线错误时灯长亮。

3. 输入/输出端信号介绍

（1）端子排序列　本任务中使用的 PLC 型号为 FX3U-48MT/ES，PLC 的端子排列如图 1-13 所示。其中 L、N 接 AC 220V 电源；端子 0V、24V 可输出直流 24V 电源，以供输入信号或传感器信号使用。图 1-13 中，Y0~Y3 的共用端子为 COM1，Y4~Y7 的共用公共端子为 COM2，Y10~Y13 的共用端子为 COM3，Y14~Y17 的共用公共端子为 COM4，不同组的端子之间用粗线隔开。

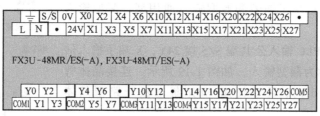

⏚	S/S	0V	X0	X2	X4	X6	X10	X12	X14	X16	X20	X22	X24	X26	•
L	N	•	24V	X1	X3	X5	X7	X11	X13	X15	X17	X21	X23	X25	X27

FX3U-48MR/ES(−A)，FX3U-48MT/ES(−A)

Y0	Y2	•	Y4	Y6	•	Y10	Y12		Y14	Y16	Y20	Y22	Y24	Y26	COM5
COM1	Y1	Y3	COM2	Y5	Y7	COM3	Y11	Y13	COM4	Y15	Y17	Y21	Y23	Y25	Y27

图 1-13　端子排列

（2）输入/输出信号的接线

1）输入 X 端子信号。常用的三菱 PLC 输入电信号为直流 24V 信号。一般认为 X 和 0V 短接就视为接通，切记，不要接入交流信号。如果外部信号为交流信号，应该通过中间继电器转换，或者转换成直流 24V 信号后再接入 PLC 的输入端子。

输入类型一般由传感器类型是 NPN 型还是 PNP 型来决定。PLC 的漏型输入（图 1-14）与 NPN 型传感器对应（图 1-16），输入 0V 低电平有效。PLC 的源型输入（图 1-15）与 PNP 型传感器对应（图 1-17），输入 24V 高电平有效。

2）两种输入接线图如图 1-13 和图 1-14 所示（图中"＊1"指输入阻抗）。

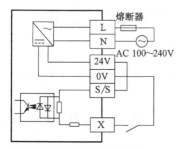

图 1-14　PLC 的漏型输入

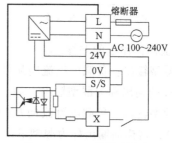

图 1-15　PLC 的源型输入

3）三线制传感器与 PLC 接线图如图 1-15 和图 1-16 所示（图中"＊"是接地电阻，100Ω 以下）。

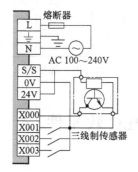

图 1-16　PLC 与 NPN 型传感器的连接

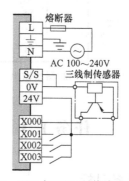

图 1-17　PLC 与 PNP 型传感器的连接

4）输出接线如图 1-18 所示。

（3）回路上的差异

1）输入回路上的差异。FX3U 系列 PLC 输入/输出扩展单元/模块的输入中，包括了漏型和源型输入通用型、漏型输入专用的产品。

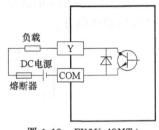

图 1-18　FX3U-48MT/
ES PLC 输出

① 漏型输入：PLC 输入公共端 S/S 接 24V，X 端子输入信号为 0V 时有效，称为漏型输入，如图 1-19 所示。连接晶体管输出型的传感器输出时，可以使用 NPN 集电极开路型晶体管输出。

② 源型输入：PLC 输入公共端 S/S 接 0V，X 端子输入信号为 24V 时有效，称为源型输入，如图 1-20 所示。连接晶体管输出型的传感器输出时，可以使用 PNP 集电极开路型晶体管输出。

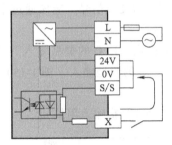

图 1-19　PLC 漏型输入

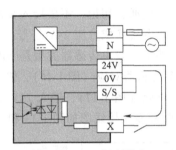

图 1-20　PLC 源型输入

2）输出回路上的差异。

① 漏型输出：负载电流流向从外接电源 24V（高电位）流入到输出（Y）端子（低电位），这样的输出称为漏型输出，如图 1-21 所示。

② 源型输出：负载电流流向从输出（Y）端子（高电位）流出，流入到外接电源 0V（低电位），这样的输出称为源型输出，如图 1-22 所示。

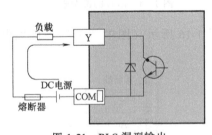

图 1-21　PLC 漏型输出

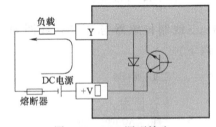

图 1-22　PLC 源型输出

任务 1.3　三菱 FX3U 系列 PLC 软元件

一、任务目标

1）熟悉 PLC 软元件与硬件元件的区别与联系。

2）掌握 PLC 常用软元件的用法。

二、任务要求

1) 正确使用数据寄存器完成相关程序编写。

2) 正确使用辅助继电器与输入/输出继电器完成控制程序的编写。

三、相关知识介绍

1. 三菱 FX 系列 PLC 软元件

可编程序控制器内部有许多具有不同功能的器件，实际上这些器件是由电子电路和存储器组成的。

为了把它们和通常的硬件区分开来，通常把上面的器件称为虚拟的软元件，并非实际的物理器件。从工作过程看，我们只注重器件的功能，按器件的功能给出名称，例如输入继电器 X、输出继电器 Y 等；而每个器件都有确定的地址编号，这对编程十分重要。

2. 三菱 FX 系列 PLC 软元件的分类

（1）输入继电器 X　输入继电器（X）与 PLC 的输入端相连，是 PLC 接收外部开关信号的接口。与输入端子连接的输入继电器是光电隔离的电子继电器，其线圈、常开触点、常闭触点与传统硬继电器表示方法一样。可提供无数个常开触点、常闭触点供编程时使用。FX3U 系列的输入继电器采用八进制地址编号，其编号为 X000～X007、X010～X017、X020～X027……FX3U 系列 PLC 带扩展时，输入继电器最多可达 256 点。图 1-23 中常开触点 X000、常闭触点 X001 即是输入继电器应用的例子。编程时应注意，输入继电器只能由外部信号驱动，而不能在程序内部用指令驱动，其接点也不能直接输出带动负载。

图 1-23　输入继电器的应用

（2）输出继电器 Y　输出继电器（Y）是 PLC 中专门用来将运算结果经输出接口电路及输出端子送达并控制外部负载的虚拟继电器。它在 PLC 内部直接与输出接口电路相连，它有无数个常开触点与常闭触点，这些常开与常闭触点可在 PLC 编程时随意使用。外部信号无法直接驱动输出继电器，它只能在程序内部由指令驱动。FX 系列 PLC 的输出继电器采用八进制编号，即 Y000～Y007、Y010～Y017、Y020～Y027……图 1-24 中 Y000 即是输出继电器应用的例子，X001 是输出继电器 Y000 的工作条件。

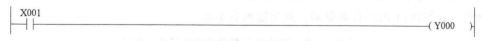

图 1-24　输出继电器的应用

（3）辅助继电器 M　PLC 内有很多辅助继电器，和输出继电器一样，只能由程序驱动。每个辅助继电器也有无数对常开和常闭触点供编程使用，其作用相当于继电器—接触器控制电路中的中间继电器。辅助继电器的触点在 PLC 内部编程时可以任意使用，次数不限。但是，这些触点不能直接驱动外部负载，外部负载的驱动必须由输出继电器执行。在逻辑运算中经常需要一些中间继电器用于辅助运算。

这些元件不直接对外输入、输出，但经常用于状态暂存、移位运算等。它的数量比软元件 X、Y 多。内部辅助继电器中还有一类特殊辅助继电器，它有各种特殊功能，如定时时钟、进/借位标志、启动/停止、通信状态、出错标志等。

FX3U 系列 PLC 的辅助继电器按照其功能分成以下三类。

1）通用辅助继电器 M0～M499（500 点）。通用辅助继电器元件是按十进制进行编号的，FX3U 系列 PLC 有 500 点，其编号为 M0～M499。图 1-25 中 X001 和 X002 均为辅助继电器 M1 的工作条件，Y010 为辅助继电器 M1 和 M2 串联的工作对象。

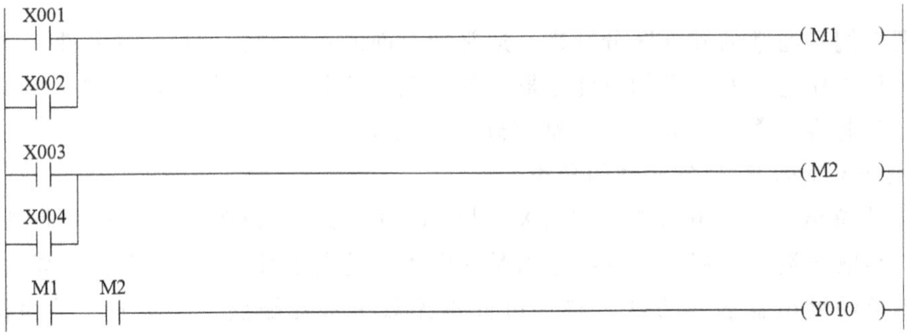

图 1-25　通用辅助继电器的应用

2）断电保持辅助继电器 M500～M1023（524 点）。图 1-26 所示为断电保持辅助继电器的应用。PLC 在运行中发生停电，输出继电器和通用辅助继电器全部呈断开状态。再运行时，除去 PLC 运行时被外部输入信号接通的以外，其他都断开。但是，根据不同控制对象要求，有些控制对象需要保持停电前的状态，并能在再运行时再现停电前的状态情形，断电保持辅助继电器就用于此种场合，停电保持由 PLC 内装的后备电池支持。FX3U 系列 PLC除了 524 个断电保持辅助继电器外，还有 M1024～M7679 共 6656 个断电保持专用辅助继电器。它与断电保持用辅助继电器的区别在于，断电保持用辅助继电器可用参数设定，是可变更非断电保持区域，而断电保持专用辅助继电器关于断电保持的特性无法用参数来改变。

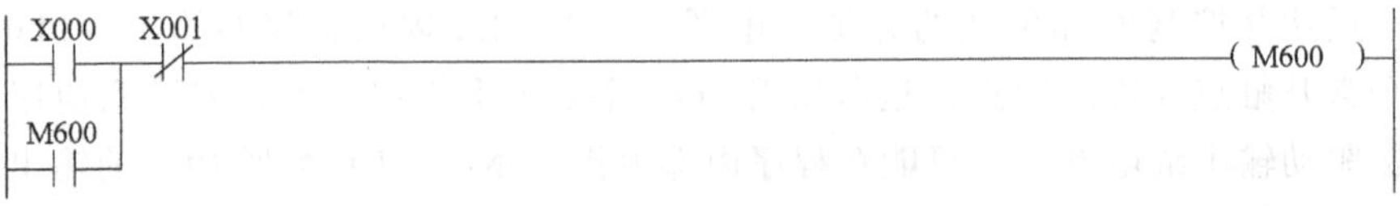

图 1-26　断电保持辅助继电器的应用

3）特殊辅助继电器 M8000～M8255（256 点）。用户在用这些特殊辅助继电器时只能利用其触点，其线圈由 PLC 自动驱动，其功能见表 1-2。

表 1-2　FX3U 系列 PLC 常用的特殊辅助继电器

编号	功能描述
M8000	RUN 监控,PLC 运行时接通
M8002	初始脉冲,RUN 后第 1 个扫描周期为 ON
M8011	10ms 时钟脉冲

（续）

编号	功能描述
M8012	100ms 时钟脉冲
M8013	1s 时钟脉冲
M8014	1min 时钟脉冲
M8029	脉冲结束标志位

（4）内部状态继电器 S　内部状态继电器（S）是 PLC 在顺序控制系统中实现控制的重要元件。它与后面介绍的步进顺序控制指令 STL 配合使用，运用顺序功能图编制高效易懂的程序。状态继电器与辅助继电器一样，有无数个常开触点和常闭触点，在顺序控制程序内可任意使用。通常内部状态继电器有下面 5 种类型，其编号及点数如下：

初始状态继电器：S0~S9（10 点）。

通用状态继电器：S10~S499（490 点）。

断电保持状态继电器：S500~S899（400 点）。

报警状态继电器：S900~S999（100 点）。

不用步进梯形指令时，状态继电器 S 在程序中可作为辅助继电器 M 使用。

（5）数据寄存器 D　可编程序控制器用于模拟量控制、位置控制、数据 I/O 时，需要许多数据寄存器存储参数及工作数据。这类寄存器的数量随着机型的不同而不同，见表 1-3。

每个数据寄存器都是 16 位，其中最高位为符号位，可以用两个数据寄存器合并起来存放 32 位数据（最高位为符号位）。

表 1-3　数据寄存器 D、V、Z

编号	【D0~D199】	【D200~D511】	【D512~D7999】	【D8000~D8511】	【V7~V0】【Z7~Z0】
点数	200 点	312 点	7488 点	512 点	16 点
说明	一般用	断电保持用	断电保持，D1000 后可以设定做文件寄存器使用	特殊用	变址用

（6）变址寄存器（V/Z）　变址寄存器除了和普通的数据寄存器有相同的使用方法外，还常用于修改器件的地址编号。V、Z 都是 16 位的寄存器，可进行数据的读写。当进行 32 位操作时，将 V、Z 合并使用，指定 Z 为低位。

（7）内部指针（P/I）　内部指针是 PLC 在执行程序时用来改变执行流向的元件。它有分支指令专用指针 P 和中断用指针 I 两类，见表 1-4。

表 1-4　内部指针

指针	P0~P127 128 点	I00*~I50* 6 点	I6*~I8* 3 点	I010~I060 6 点
指针说明	跳跃、子程序用、分支式指针	输入中断用指针	定时器中断用指针	计数器中断用指针

项目 1　PLC 基础知识

13

（8）常数（K/H） 常数也作为元件对待，它在存储器中占有一定的空间，见表1-5。十进制常数用 K 表示，如 18 表示为 K18；十六进制常数用 H 表示，如 18 表示为 H12。

表 1-5 常数

K	16 位：-32768～+32767	32 位：-2147483648～+2147483647
H	16 位：0～FFFFH	32 位：0～FFFFFFFFH

项目练习题

1. 填空题

（1）PLC 是＿＿＿＿＿＿＿＿的简称。

（2）PLC 有＿＿＿、＿＿＿、＿＿＿、＿＿＿、＿＿＿的特点。

（3）PLC 的单元类型分为＿＿＿、＿＿＿、＿＿＿、＿＿＿。

（4）PLC 的输出形式分为＿＿＿、＿＿＿、＿＿＿。

（5）FX3U-48MT 表示为 FX3U 系列的基本单元，I/O 总接口数为＿＿＿。

2. 简答题

（1）简述 FX3U-48MT/ES PLC 型号的含义。

（2）简述 PLC 三种输出形式的名称及其特点。

项目2 GX Works2 软件介绍

任务 2.1   GX Works2 编程软件介绍

一、任务目标

1）熟悉 PLC 编程软件 GX Works2 的下载与安装。

2）掌握 PLC 的编程软件通信设置。

二、任务要求

1）下载并安装 PLC 编程软件 GX Works2。

2）在 PLC 的编程软件上完成通信设置。

三、相关知识介绍

1. GX Works2 的功能

GX Works2 和 GX Developer 都是三菱 PLC 的编程软件，两者都可以对三菱 FX 系列、Q 系列 PLC 编程；但 GX Works2 与传统的 GX Developer 软件相比，提高了功能及操作性能，特别是对结构化工程的编程变得更加容易，且方便使用。

在 GX Works2 软件中，可创建简单工程或结构化工程。简单工程编程语言可以是梯形图和 SFC 语言，可以通过与传统的 GX Developer 相同的操作进行程序创建。结构化工程，可以通过结构化编程创建程序，通过将控制细分化，将程序的通用部分执行部件化，可实现易于阅读的、高引用性的编程。在结构化工程中，可使用的编程语言有梯形图、SFC、结构化梯形图/FBD、文本语言。

2. 软件安装

① 打开软件安装包，如图 2-1 所示。

② 找到 setup. exe 安装程序，双击，开始程序安装，如图 2-2 所示。

图 2-1 软件安装包

3. 新建工程

① 启动 GX Works2 软件，单击菜单中的"工程"→"创建工程"，或单击"新建工程"按钮，就可创建新工程。

② 工程设置如图 2-3 所示。在实际应用中，注意要和所选择的硬件 PLC 型号一致。

③ PLC 与计算机通信设置，注意 PLC 端的 COM 端一定要与计算机的 COM 端（串口）设置一致，如图 2-4 所示（任务 2.2 中会具体讲解设置步骤）。

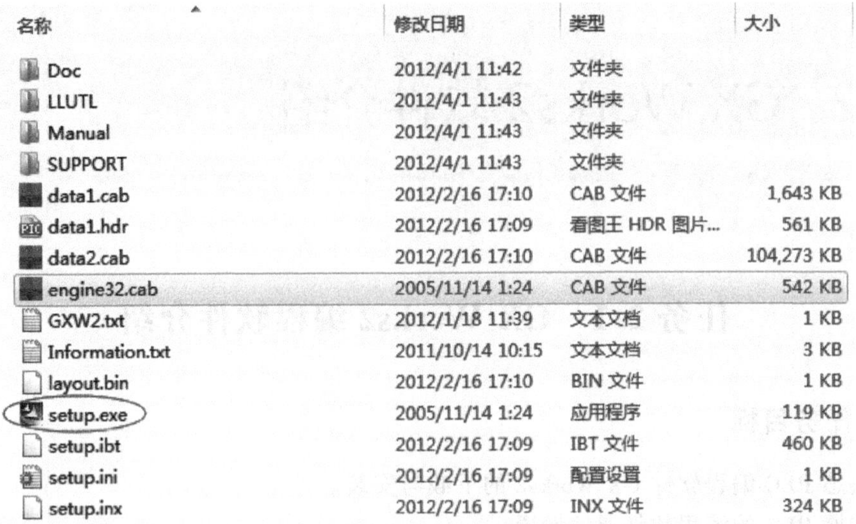

名称
修改日期
类型
大小
Doc 2012/4/1 11:42 文件夹
LLUTL 2012/4/1 11:43 文件夹
Manual 2012/4/1 11:43 文件夹
SUPPORT 2012/4/1 11:43 文件夹
data1.cab 2012/2/16 17:10 CAB 文件 1,643 KB
data1.hdr 2012/2/16 17:09 看图王 HDR 图片... 561 KB
data2.cab 2012/2/16 17:10 CAB 文件 104,273 KB
engine32.cab 2005/11/14 1:24 CAB 文件 542 KB
GXW2.txt 2012/1/18 11:39 文本文档 1 KB
Information.txt 2011/10/14 10:15 文本文档 3 KB
layout.bin 2012/2/16 17:10 BIN 文件 1 KB
setup.exe 2005/11/14 1:24 应用程序 119 KB
setup.ibt 2012/2/16 17:09 IBT 文件 460 KB
setup.ini 2012/2/16 17:09 配置设置 1 KB
setup.inx 2012/2/16 17:09 INX 文件 324 KB

图 2-2　应用程序安装

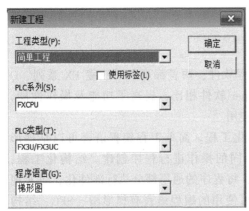

新建工程
工程类型(P):
简单工程
使用标签(L)
确定
取消
PLC系列(S):
FXCPU
PLC类型(T):
FX3U/FX3UC
程序语言(G):
梯形图

图 2-3　新建工程

工程
用户库
连接目标
导航
连接目标
当前连接目标
Connection1
所有的连接目标
Connection1
计算机侧 I/F 串行详细设置
RS-232C
(包含FX-USB-AW/FX3U-USB-BD)
USB
COM端口
COM 3
传送速度
115.2Kbps
确定
取消
详细设置...

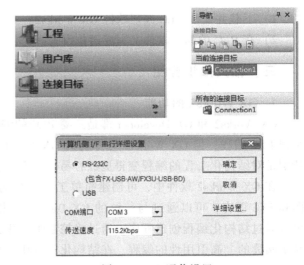

图 2-4　PLC 通信设置

任务 2.2　简单工程的创建及运行

一、任务目标

掌握 PLC 程序编写与下载的步骤。

二、任务要求

在 PLC 编程软件 GX Works2 中完成新建工程文件与程序监控。

三、相关知识介绍

简单工程程序的创建步骤如下：

① 单击 GX Works2 图标，启动 GX Works2 软件，如图 2-5 所示。

② 单击工具栏中的"工程"按钮，并单击"新建工程"，或者单击"新建"快捷键，如图 2-6 所示。

图 2-5　GX Works2 图标

图 2-6　新建工程

③ 在弹出的新建设置窗口中，选择 PLC 类型和程序语言。这里我们选择的系列为 FX-CPU，机型为 FX3U/FX3UC，工程类型为简单工程，程序语言为梯形图，如图 2-7 所示。

图 2-7　PLC 设置

④ 如果是第一次使用三菱软件，会弹出下面图 2-8 所示窗口，勾选"下次不再显示该信息"后，不再弹出，并单击"是"按钮。

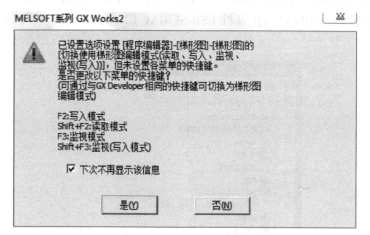

图 2-8　GX Works2 向导

⑤ 编辑之前一定要确保工具栏中的编程模式在"写入模式" ，如图 2-9 所示；否则，无法编辑程序。

图 2-9　编程模式选择

⑥ 程序编辑好之后，一定要单击上方的"转换"按钮 进行转换，如图 2-10 所示，这样程序就完成了。

图 2-10　程序编译

⑦ 检查 PLC 和计算机的 422-USB 通信线，确保正确连接，如图 2-11 和图 2-12 所示。应注意，PLC 与通信线应对准箭头方向直插。

图 2-11　PLC 与 422 接口

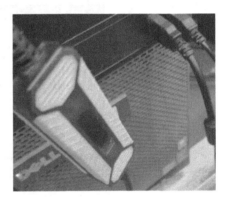

图 2-12　计算机与 USB 转 422 线

⑧ 检测 PLC 与计算机的连接 COM 口，单击"连接目标"窗口，选择"当前连接目标"Connection1，检查当前 COM 口与计算机 USB-SERIAL CH340 的 COM 口一致，如图 2-13 和图 2-14 所示。

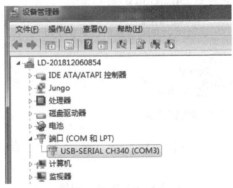

图 2-13　计算机 USB-SERIAL CH340 COM 口

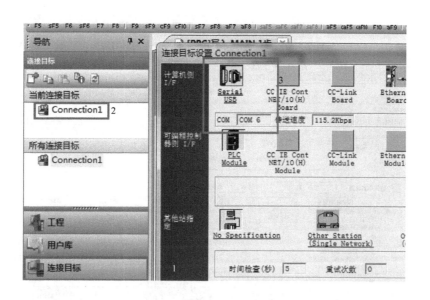

图 2-14　编程软件 COM 口

⑨ 确定一致后，单击"通信测试"，如图 2-15 所示，显示成功即可。

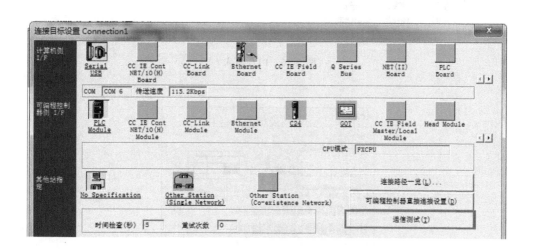

图 2-15　通信测试

⑩ 单击上方"PLC 写入"按钮，此时弹出窗口，单击"参数+程序"按钮，最后单击"执行"按钮，如图 2-16 所示。

⑪ 写入完成后单击"关闭"按钮，程序写入完成，如图 2-17 所示。

⑫ 单击　按钮，打开"监视模式"进入监视窗口，进行相应调试，如图 2-18 所示。

⑬ 注意：要对工程文件加以保存，因其不会自动保存。

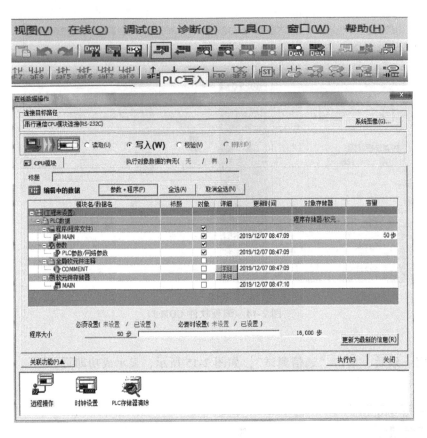

图 2-16   PLC 写入

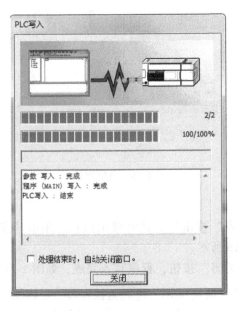

图 2-17   程序写入完成

图 2-18　程序监控

项目练习题

编程练习：

1）在 GX Works2 软件中建立一个简单工程，在该工程中实现以下程序动作：

① X000 由 OFF 转换为 ON 时，Y000 置为 ON。

② X001 由 OFF 转换为 ON 时，Y001 置为 OFF。

③ X002 由 OFF 转换为 ON 时，Y000、Y001 均为 OFF。

④ 将编写好的程序进行在线调试。

⑤ 将调试好的程序下载至 PLC 中。

2）在 GX Works2 软件中建立一个简单工程，在该工程中实现以下程序动作：

① X010 由 OFF 转换为 ON 时，Y000 闪烁。

② X011 由 ON 转换为 OFF 时，Y000 闪烁停止。

③ 将编写好的程序进行在线调试。

④ 将调试好的程序下载至 PLC 中。

3）在 GX Works2 软件中建立一个简单工程，在该工程中实现以下程序动作：

① X002 由 ON 转换为 OFF 时，Y000 置为 OFF。

② X003 由 OFF 转换为 ON 时，Y000 置为 ON。

③ 将编写好的程序进行在线调试。

④ 将调试好的程序下载至 PLC 中。

项目3 PLC基本控制系统设计

任务3.1 PLC控制三相异步电动机单向连续运行

图 3-1 所示为某机场行李传送带，要求按下起动按钮，传送带运行，行李进行输送；按下停止按钮，传送带停止运行。试用 PLC 来实现该系统。

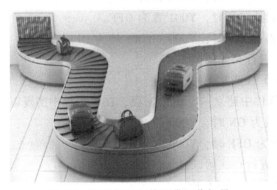

图 3-1 某机场行李传送带工作场景

一、任务目标

1）掌握电动机连续控制 PLC 输入/输出端的接线。

2）掌握软元件 X、Y 的编程用法。

3）掌握 PLC 基本指令 LD/LDI/OUT、AND/ANI、OR/ORI、END 的用法。

4）掌握电动机连续控制程序的编写。

二、任务要求

1）完成电动机连续运行输入/输出端的接线。

2）完成电动机连续运行 PLC 程序的编写。

三、相关指令介绍

1. 逻辑取及线圈驱动指令 LD、LDI、OUT

1）LD（Load）取指令：表示一个与输入左母线连接的常开触点指令，即常开触点逻辑运算起始。目标元件为 X 、Y 、M 、T、C 和 S。

2）LDI（Load Inverse）取反指令：表示一个与输入左母线连接的常闭触点指令，即常闭触点逻辑运算起始。目标元件为 X 、Y 、M 、T、C 和 S。

3) OUT 输出指令：对线圈进行驱动的指令，也称为输出指令。

说明：

① LD、LDI 指令的目标元件为 X 、Y 、M 、T 、C 和 S。

② LD、LDI 指令既可用于与输入左母线相连的触点，也可与 ANB、ORB 指令配合实现块逻辑运算。

③ OUT 指令目标元件为 Y、M、T、C 和 S，而不能用于 X。

④ OUT 指令可以连续使用若干次（相当于线圈并联），对于定时器和计数器，在 OUT 指令之后应设置常数 K 或数据寄存器。

取指令与输出指令的使用方法如图 3-2 所示。

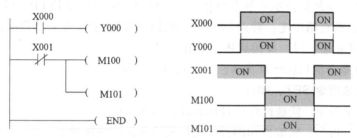

图 3-2 取指令与输出指令的使用方法

2. 触点串联指令 AND、ANI

1）AND：与指令，用于一个常开触点串联连接指令，完成逻辑"与"运算。

2）ANI：与非指令，用于一个常闭触点串联连接指令，完成逻辑"与非"运算。

触点串联指令的使用方法如图 3-3 所示。

说明：

① AND、ANI 都是单个触点串联连接的指令，串联触点的个数没有限制，可以多次重复使用。由于图形编程器及打印机的功能限制，建议尽量做到 1 行不超过 10 个触点和 1 个线圈，连续输出总共不超过 24 行。

② AND、ANI 的目标元件为 X、Y、M、T、C 和 S。

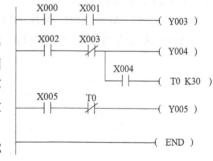

图 3-3 触点串联指令的使用方法

3. 触点并联指令 OR、ORI

1）OR：或指令，用于单个常开触点的并联，如图 3-4 所示，实现逻辑"或"运算。

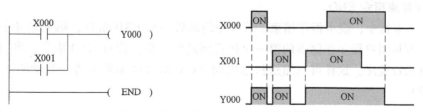

图 3-4 触点并联指令 OR 的使用方法

2）ORI：或非指令，用于单个常闭触点的并联，实现逻辑"或非"运算。触点并联指令的使用方法如图 3-5 所示。

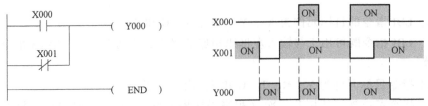

图 3-5　触点并联指令 ORI 的使用方法

说明：

① OR、ORI 指令都是指单个触点的并联，并联触点的左端接到 LD、LDI 处，右端与前一条指令对应触点的右端相连。触点并联指令连续使用的次数不限；当需要两个以上触点串联连接电路块的并联连接时，要用后述的 ORB 指令。

② OR、ORI 指令的目标元件为 X、Y、M、T、C 和 S。

4. 置位与复位指令 SET、RST

1）SET：置位指令，使被操作的目标元件置位并保持。

2）RST：复位指令，使被操作的目标元件复位并保持清零状态。

说明：

① SET 指令的目标元件为 Y、M、S，RST 指令的目标元件为 Y、M、S、T、C、D、V 和 Z。RST 指令常被用来对 D、Z、V 的内容清零，还用来复位积算定时器和计数器。

② 对于同一目标元件，SET、RST 可多次使用，顺序也可随意，但最后执行者有效。SET、RST 指令的使用方法如图 3-6 所示。当 X000 常开触点接通时，Y000 变为 ON 状态并一直保持该状态，即使 X000 断开 Y000 的 ON 状态仍维持不变；只有当 X001 的常开触点闭合时，Y000 才变为 OFF 状态并保持，即使 X001 常开触点断开，Y000 也仍为 OFF 状态。

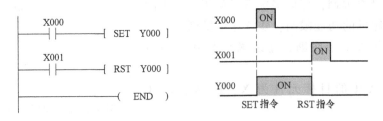

图 3-6　置位与复位指令的使用方法

5. 程序结束指令 END

END：结束指令，表示程序结束。若程序的最后不写 END 指令，则 PLC 不管实际用户程序多长，都从用户程序存储器的第一步执行到最后一步；若有 END 指令，当扫描到 END 时，则结束执行程序，这样可以缩短扫描周期（GX Works2 编程软件会自动添加 END 指令在程序末端）。

四、任务步骤

1）电动机连续控制电气原理图如图 3-7 所示。

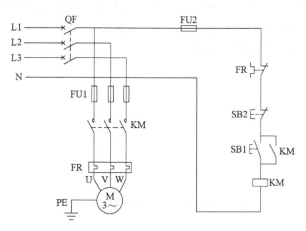

图 3-7　电动机连续控制电气原理图

2）I/O 分配见表 3-1。

表 3-1　I/O 分配

输入		输出	
起动按钮 SB1	X000	Y000	KA
停止按钮 SB2	X001		

3）接线图如图 3-8 所示。

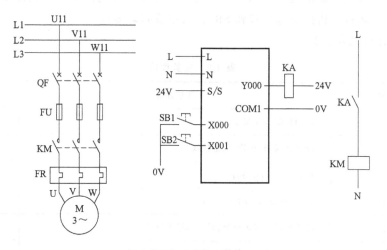

图 3-8　电动机连续控制接线图

接线图分析：PLC 控制电动机连续运行主电路与传统继电器—接触器电气控制主电路原理一致，控制电路由 PLC 控制。任务中选用的 PLC 型号为 FX3U-48MT/ES，PLC 输入公共端 S/S 接 24V，故输入为漏型连接方式，X 端子输入信号为 0V 时有效，因此按钮的另一端接电源 0V。任务要求是控制三相异步电动机的运行，电动机的起动/停止由交流接触器控制，由于任务中的 PLC 是漏型晶体管输出，因此输出公共端 COM1 只能接电源 0V，Y 端子只能输出 0V。所以在任务中 PLC 的输出端不能直接控制交流接触器线圈，只能先控制 24V

中间继电器线圈的通/断，然后再由中间继电器的常开触点控制交流接触器线圈的通/断。本书后续如无特殊说明，均采用此接线方式，不一一赘述。

4）PLC控制程序梯形图如图3-9所示。

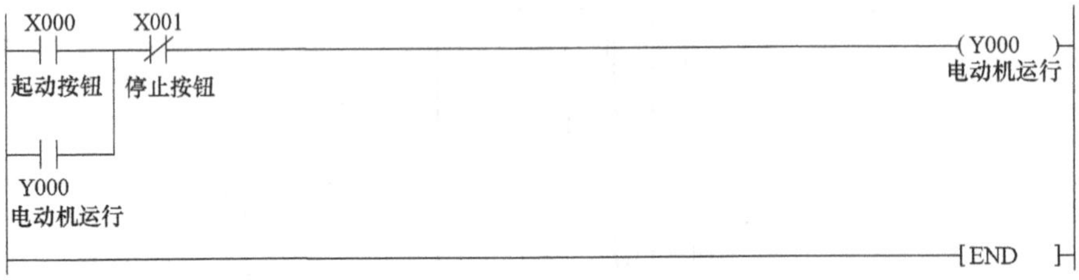

```
  X000      X001                                          ( Y000   )
 ┤├────────┤/├──────────────────────────────────────────  电动机运行
 起动按钮   停止按钮
  Y000
 ┤├
 电动机运行

                                                         ─[ END ]─
```

图3-9   电动机连续控制PLC控制程序梯形图

5）程序调试过程如下：

① 检查硬件接线。

② PLC与计算机连接：用专用通信电缆RS-232/RS-422转换器将PLC的编程接口与计算机的COM串口连接。

③ 程序写入：先接通系统电源，通过MELSOFT系列GX Works2软件中的"在线"菜单的"PLC写入"栏，可以把仿真成功的程序写入PLC中。

④ 系统调试：接通电动机电路电源，观察接触器KM和电动机动作是否符合控制要求。如果不符合要求则检查接线及PLC程序，按下传送带起动按钮SB1，接触器线圈吸合得电，电动机运行。观察电动机由起动到运行的状态。无论任何时刻，按下停止按钮SB2，电动机都应无条件停止运行。再按下起动按钮SB1，又重新起动运行。

6）任务评价见表3-2。

表3-2   任务评价

评估内容	评估标准	配分	得分
I/O分配	合理分配I/O端子	10	
外部接线与布线	按照接线图，正确、规范接线	30	
梯形图设计	正确编写PLC程序	30	
程序检查与运行	下载、运行、监控正确的程序	10	
理解、总结能力	能正确理解实训任务，善于总结实训经验	10	
语言表达能力	清楚地表达实训操作步骤并合理解释实训现象	10	

任务3.2   PLC控制电动机正反转

图3-10所示为实现自动卷帘门的自动控制。当车接近卷帘门，并按下卷帘门上升起动按钮时，卷帘门上升；上升到想要的位置后，按下停止按钮，卷帘门停止动作；开车通过卷门帘后，按下下降按钮。

图 3-10 自动卷帘门的自动控制

一、任务目标

1）掌握电动机正反转控制 PLC 输入/输出端的接线。

2）掌握电动机正反转控制程序的编写。

二、任务要求

1）完成电动机正反转输入/输出端的接线。

2）完成电动机正反转 PLC 程序的编写。

三、相关知识介绍

1. 梯形图编程规则

1）按从左到右（串联）、自上而下（并联）的顺序编制。每个继电器线圈表示一个逻辑行，每个逻辑行起于左母线，经过触点、线圈，止于右母线。图 3-11 所示为不正确的梯形图画法示例。

注意，图 3-11 中，① 左母线与线圈之间一定要有触点，② 线圈与右母线之间不能有任何触点，③ 每个逻辑行最后都必须是继电器线圈。

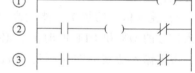

图 3-11　不正确的梯形图画法示例

2）触点串联块并联时，触点较多的块应放在上面，以减少存储单元。

图 3-12a 所示的画法不合理（但是允许的），应当改为图 3-12b 所示的画法。

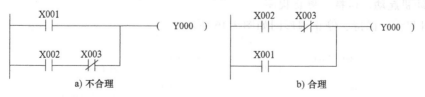

图 3-12　梯形图画法规则（1）

3）触点并联块串联时，触点较多的块应放在左边，可减少编程语句和节约存储单元。图 3-13a 所示的画法不合理，应改为图 3-13b 所示的画法。

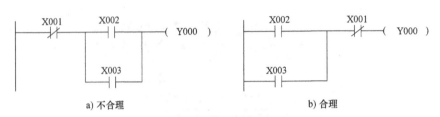

图 3-13　梯形图画法规则（2）

4）触点不能出现在垂直梯形图线上。

图 3-14a 所示的桥式电路应做适当的变换，改成图 3-14b 或图 3-14c 所示的画法。

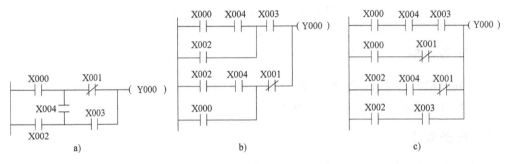

图 3-14　梯形图画法规则（3）

5）输出线圈不能是输入继电器或特殊继电器。

2. 梯形图编程注意事项

1）避免双线圈输出。如在同一程序中同一元件线圈使用两次或多次，称为双线圈输出。

注意：双线圈输出时，前一次输出无效，只有最后一次输出才有效，如图 3-15 所示。

2）输入信号的频率不能太高（高速计数器输入除外）。PLC 输入信号的 ON 和 OFF 的时间，必须比 PLC 的扫描周期长。例如，考虑输入滤波的响应延迟 10ms，扫描时间 10ms，则输入的 ON 或 OFF 时间至少为 20ms。

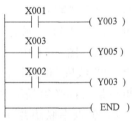

图 3-15　双线圈输出

四、PLC 编程样例

1. 电动机起动、保持、停止程序

电动机起动、保持、停止梯形图如图 3-16 所示。

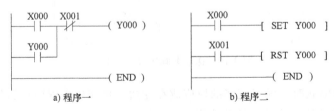

图 3-16　电动机起动、保持、停止梯形图

2. 延时接通程序 (通电延时)

1) 按下起动按钮 X000，延时 5s 后输出 Y000 接通；当按下停止按钮 X001 后，输出 Y000 断开。设计 PLC 程序，如图 3-17 所示。

注意：按钮松开后复位，必须使用辅助继电器及自锁电路，使定时器线圈能保持通电。

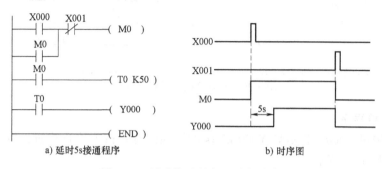

a) 延时5s接通程序　　　　　　　b) 时序图

图 3-17　延时接通程序 (通电延时)

2) 按下起动按钮 X000 延时 5s 后，输出 Y000 接通；当关闭 X000 后，输出 Y000 断开。设计 PLC 程序，如图 3-18 所示。

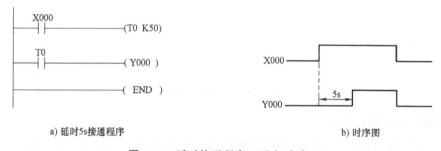

a) 延时5s接通程序　　　　　　　b) 时序图

图 3-18　延时接通程序 (通电延时)

3. 延时断开程序 (断电延时)

输入信号 X000 接通后，输出 Y000 马上接通；当 X000 断开后，输出延时 5s 后断开。设计 PLC 程序，如图 3-19 所示。

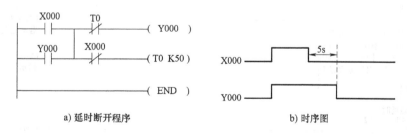

a) 延时断开程序　　　　　　　b) 时序图

图 3-19　延时断开程序 (断电延时)

4. 延时接通延时断开程序

X000 控制 Y001，要求在 X000 变为 ON 后延时 9s 后 Y001 才变为 ON；X000 变为 OFF 再过 7s 后 Y001 才变为 OFF。设计 PLC 程序，如图 3-20 所示。

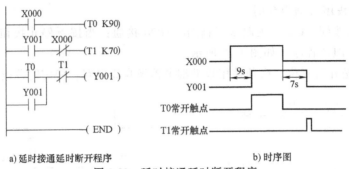

a) 延时接通延时断开程序   b) 时序图

图 3-20　延时接通延时断开程序

5. 闪烁电路程序

按下起动按钮 X000，指示灯 Y000 以 1s 的周期闪烁；按下停止按钮，指示灯灭。设计 PLC 程序，如图 3-21 所示。

图 3-21　闪烁电路程序

6. 延时起动、停止程序

按下起动按钮 X000，起动指示灯 Y000 闪烁；放开按钮 5s 后，正式起动，起动指示灯 Y000 一直亮。按下停止按钮，5s 后，系统停止，起动指示灯 Y0 灭。设计 PLC 程序，如图 3-22 所示。

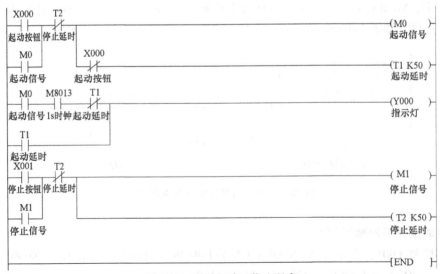

图 3-22　延时起动、停止程序

7. 顺序延时接通程序

当 X000 接通后，输出端 Y000、Y001、Y002 按顺序每隔 10s 输出接通。

用 3 个定时器 T0、T1、T2 设置不同的定时时间，可实现按顺序先后接通，当 X000 断开后同时停止。设计 PLC 程序，如图 3-23 所示。

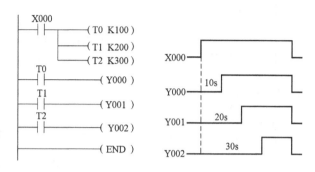

图 3-23　顺序延时接通程序

8. 顺序循环接通程序

当 X000 接通后，Y000 ~ Y002 三个输出端按顺序各接通 10s；如此循环直至 X000 断开后，3 个输出全部断开。设计 PLC 程序，如图 3-24 所示。

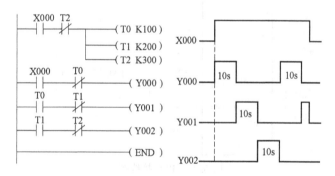

图 3-24　顺序循环接通程序

五、任务步骤

1）电动机正反转控制电气原理图如图 3-25 所示。

2）I/O 分配见表 3-3。

表 3-3　I/O 分配

输入		输出	
正转起动按钮 SB1	X000	Y000	KA1
反转起动按钮 SB2	X001	Y001	KA2
停止按钮 SB3	X002		

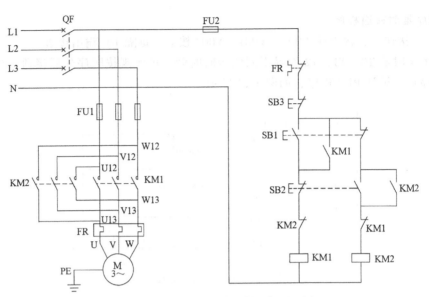

图 3-25　电动机正反转控制电气原理图

3）PLC 接线图如图 3-26 所示。

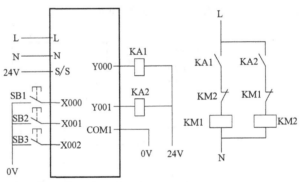

图 3-26　PLC 接线图

4）PLC 程序梯形图如图 3-27 所示。

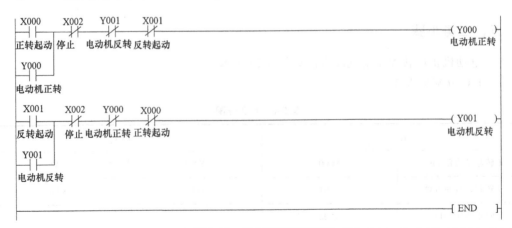

图 3-27　PLC 程序梯形图

5）程序调试过程如下：

① 检查硬件接线。

② 编写程序并下载至 PLC。

③ 系统调试：按下正转起动按钮 SB1，观察 PLC 输出指示灯 Y000 与电动机的状态。按下停止按钮 SB3，观察 PLC 输出指示灯 Y000、Y001 的状态。按下反转起动按钮 SB2，观察 PLC 输出指示灯 Y001 与电动机的状态。

观察接触器 KM1、KM2 和电动机动作是否符合控制要求。

6）任务评价见表 3-4。

表 3-4　任务评价

评估内容	评估标准	配分	得分
I/O 分配	合理分配 I/O 端子	10	
外部接线与布线	按照接线图,正确、规范接线	30	
梯形图设计	正确编写 PLC 程序	30	
程序检查与运行	下载、运行、监控正确的程序	10	
理解、总结能力	能正确理解实训任务,善于总结实训经验	10	
语言表达能力	清楚地表达实训操作步骤并合理解释实训现象	10	

任务 3.3　PLC 控制电动机丫-△减压起动电路

在自动控制中，一般功率小的电动机才允许采取直接起动；功率较大的电动机，比如笼型异步电动机（大于 4kW），由于起动电流较大，直接起动时电流是额定电流的 4~8 倍，因此一般采取减压起动方式。丫-△降压起动指的是电动机起动时，定子绕组接成星形联结，用减压起动电压控制起动电流；电动机起动后，当转速上升到接近额定值时，再把定子绕组改成三角形联结，使电动机在全压下运行。

一、任务目标

1）掌握丫-△减压起动控制 PLC 输入/输出端的接线。

2）掌握丫-△减压起动控制程序的编写。

二、任务要求

1）完成丫-△减压起动输入/输出端的接线。

2）完成丫-△减压起动 PLC 程序的编写。

三、相关指令与软元件介绍

1. 多重输出指令 MPS、MRD、MPP

多重输出指令是 FX 系列中新增的基本指令，用于多重输出电路，为编程带来便利。在

FX 系列 PLC 中有 11 个存储单元，它们专门用来存储程序运算的中间结果，被称为栈存储器，如图 3-28 所示。

2. MPS 进栈指令

将运算结果送入栈存储器的第一段，同时将先前送入的数据依次移到栈的下一段。

3. MRD 读栈指令

将栈存储器的第一段数据（最后进栈的数据）读出且该数据继续保存在栈存储器的第一段，栈内的数据不发生移动。

4. MPP 出栈指令

将栈存储器的第一段数据（最后进栈的数据）读出且该数据从栈中消失，同时将栈中其他数据依次上移。

堆栈指令的使用如图 3-29 和图 3-30 所示。其中图 3-29 所示为一层栈，进栈后的信息可无限使用，最后一次使用 MPP 指令弹出信号；图 3-30 所示为二层栈，它用了两个栈单元。

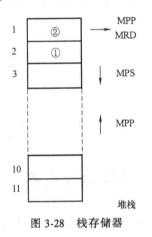

图 3-28　栈存储器

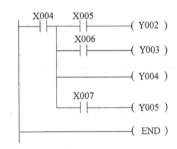

图 3-29　堆栈指令一层栈的使用

说明：

① 堆栈指令没有目标元件。

② MPS 和 MPP 必须配对使用。

③ 由于栈存储单元只有 11 个，所以栈的层次最多 11 层。

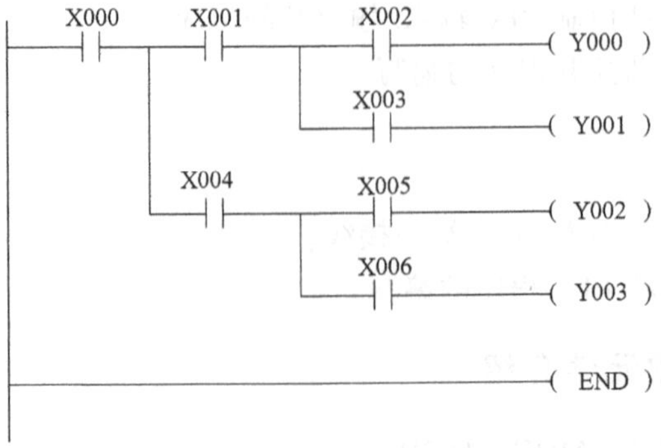

图 3-30　堆栈指令二层栈的使用

5. 定时器

表 3-5 为 FX3U 系列 PLC 的定时器个数和元件编号。100ms 定时器的定时范围为 0.1～3276.7s，10ms 定时器的定时范围为 0.01～327.67s，1ms 定时器的定时范围为 0.001～32.767s。

表 3-5　FX3U 系列 PLC 定时器

定时器种类	点数	编号
100ms 定时器	200 点	T0～T199
10ms 定时器	46 点	T200～T245
1ms 定时器	256 点	T256～T511
1ms 积算定时器	4 点	T246～T249
100ms 积算定时器	6 点	T250～T255

（1）通用定时器　图 3-31a 所示为通用定时器在梯形图中使用的情况。当 X001 的常开触点接通时，T10 的当前值计数器从零开始，对 100ms 时钟脉冲进行累加计数。当前值等于设定值 20 时，定时器的常开触点接通，常闭触点断开，即 T10 的输出触点在其线圈被驱动 $100ms×20=2s$ 后动作，Y010 置 1。X001 的常开触点断开后，定时器被复位，它的常开触点断开，常闭触点接通，当前值恢复为零。

通用定时器没有保持功能，在输入电路断开或停电时被复位。

（2）积算定时器　100ms 积算定时器 T250～T255 的定时范围为 0.1～3276.7s。在图 3-31b 中，当 X001 的常开触点接通时，T250 的当前值计数器对 100ms 时钟脉冲进行累加计数。X001 的常开触点断开或停电时停止定时，当前值保持不变。X001 的常开触点再次接通或重上电时继续定时，累计时间 (t_1+t_2) 为 $100ms×345=34.5s$ 时，T250 的触点动作，Y001 置 1。因为积算定时器的线圈断电时不会复位，需要用复位指令使 T250 强制复位。当 X002 接通执行"RST　T250"指令时，T250 的当前值寄存器置 0，触点复位。

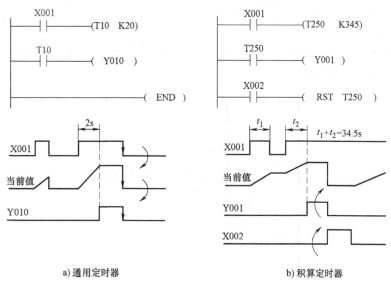

a) 通用定时器　　　　　　　b) 积算定时器

图 3-31　定时器的应用

四、任务步骤

1) Y-△减压起动电气原理图如图 3-32 所示。

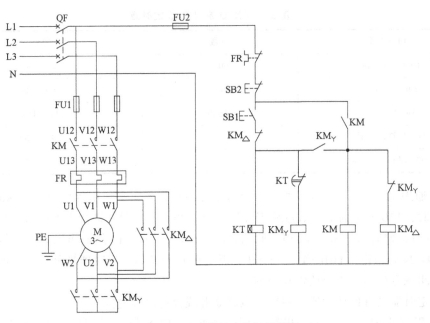

图 3-32 Y-△减压起动电气原理图

2) I/O 分配见表 3-6。

表 3-6 I/O 分配

输入		输出	
起动按钮 SB1	X000	Y000	KA1
停止按钮 SB2	X001	Y001	KA2
		Y002	KA3

3) 接线图如图 3-33 所示。

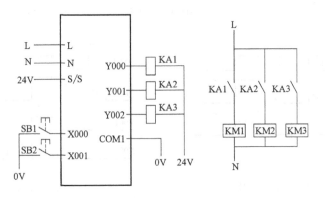

图 3-33 Y-△减压起动 PLC 接线图

4）PLC 程序梯形图如图 3-34 所示。

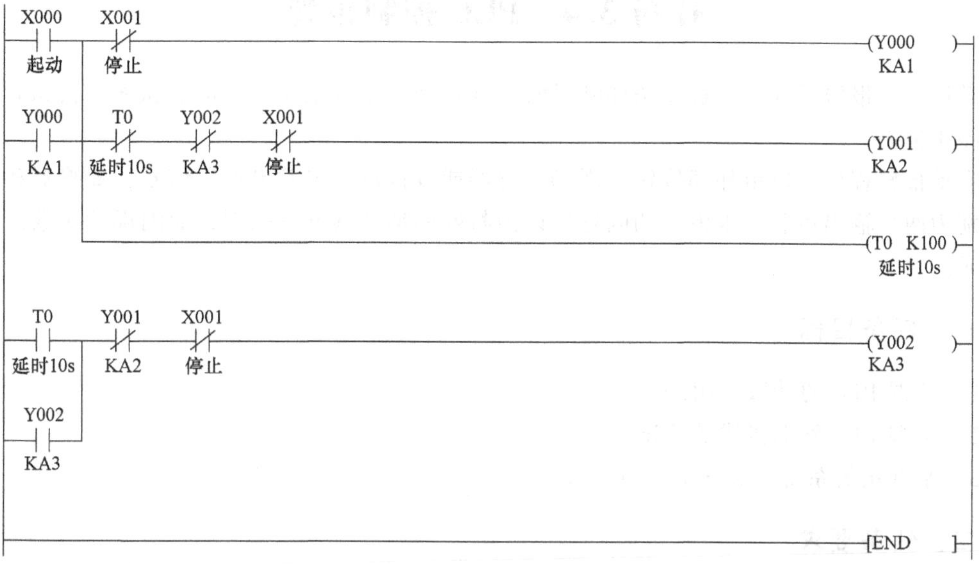

```
  X000   X001                                                    (Y000  )
───┤├────┤/├──────────────────────────────────────────────────────  KA1
  起动    停止

  Y000   T0    Y002  X001                                        (Y001  )
───┤├────┤/├───┤/├───┤/├─────────────────────────────────────────  KA2
  KA1  延时10s  KA3   停止

                                                                (T0  K100)
                                                                 延时10s

  T0    Y001  X001                                              (Y002  )
───┤├────┤├───┤/├─────────────────────────────────────────────────  KA3
  延时10s  KA2   停止

  Y002
───┤├──
  KA3

                                                               [END
```

图 3-34 Y-△ 减压起动 PLC 程序梯形图

5）程序调试。

① 经过程序检查，确认无误后，将在计算机中编写的梯形图上传至 PLC。首先，在不接通主电路电源的情况下，空载调试；然后，接通主电源，进行系统调试。

② 程序调试时，观察是否符合要求。如不符合要求，则检查接线及 PLC 程序，直至按要求运行。

按下起动按钮 SB1，主接触器 KM 和接触器 KM$_Y$ 闭合，执行星形起动。T0 延时 5s 后 KM$_Y$ 线圈失电，星形起动过程结束，KM$_\triangle$ 线圈得电，电动机正常运行。观察电动机由起动到运行的状态。

无论任何时刻，按下停止按钮 SB2 或热继电器 FR 断开，电动机都应无条件停止运行。再按下起动按钮 SB1，又重新起动运行。

6）任务评价见表 3-7。

表 3-7 任务评价

评估内容	评估标准	配分	得分
I/O 分配	合理分配 I/O 端子	10	
外部接线与布线	按照接线图，正确、规范接线	30	
梯形图设计	正确编写 PLC 程序	30	
程序检查与运行	下载、运行、监控正确的程序	10	
理解、总结能力	能正确理解实训任务，善于总结实训经验	10	
语言表达能力	清楚地表达实训操作步骤并合理解释实训现象	10	

任务 3.4　PLC 控制报警

设计一个报警系统，当触发条件满足时，蜂鸣器发出警报声；同时，报警灯连续闪烁 5 次后停止报警。

启动报警程序可以由外部按钮、现场传感器或者接近开关发出报警信号，蜂鸣器和闪烁灯分别为两个输出负载。报警灯的闪烁可以由特殊的辅助继电器控制，而闪烁的次数由计数器完成。

一、任务目标

1）掌握 PLC 的计数器用法。

2）掌握 PLC 外部接线及调试。

3）掌握报警系统 PLC 程序的编写。

二、任务要求

1）完成报警系统输入/输出端的接线。

2）完成报警系统 PLC 程序的编写。

三、相关软元件介绍

计数器用来记录触点接通的次数，共有 256 个，编号为 C0~C255，见表 3-8，计数器的设定值由 K 值决定。它是在执行扫描操作时对内部元件 X、Y、M、S、T、C 的信号进行计数。当计数达到设定值时，计数器触点动作。计数器的常开、常闭触点同样可以无限制使用。各种 PLC 都设有数量不等的定时器，其作用相当于时间继电器。所有的继电器都是通电延时型，可以用程序的方式实现断电延时功能。定时器和计数器的定时和计数由 OUT 指令实现。对于定时器、计数器、数据寄存器的清零可用复位指令 RST 实现。

表 3-8　计数器编号与设定范围

计数器	内部计数器				高速计数器
	16 位增计数器		32 位增/减计数器		32 位增/减计数器
	通用型	断电保持型	通用型	断电保持型	断电保持型
编号	C0~C99	C100~C199	C200~C219	C220~C234	C235~C255
设定范围	1~32767		−2147483648~2147483647		−2147483648~2147483647

利用特殊的辅助继电器 M8200~M8234 对应 C200~C234 确定加计数/减计数的方向。如果特殊辅助继电器接通时为减计数，则不接通时为增计数。

高速计数器使用时允许输入的频率更高，应用更加灵活。高速计数器都具有断电保持功能，可通过参数设定转变为非断电保持。

OUT/RST 指令对定时器、计数器的应用如图 3-35 所示。

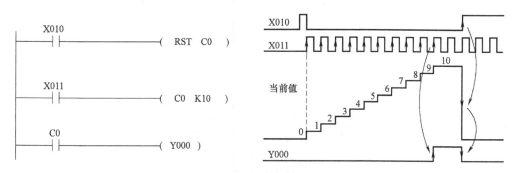

图 3-35　OUT/RST 指令对定时器、计数器的应用（1）

当 X010 接通时，清空数据寄存器 C0 内数据。每当 X011 接通一次，C0 内计数加 1，当 X011 接通达到 10 次时，C0 内计数也会达到 10，即 C0 常开触点接通，Y000 线圈有输出。当 X010 接通，C0 内计数清空，C0 不再接通，Y000 停止输出。

OUT/RST 指令对定时器、计数器的应用如图 3-36 所示。

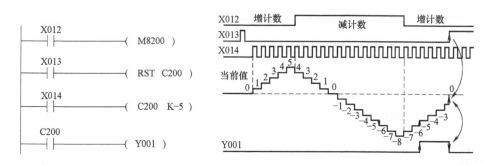

图 3-36　OUT/RST 指令对定时器、计数器的应用（2）

X012 接通，即 M8200 接通。M8200 为增减计数选择，不接通为增计数，接通为减计数。首先 X013 接通，清空 C200 内计数。X012 不接通时，X014 累计接通 5 次，此时 C200 内计数为 5，C200 不接通。X012 接通，X014 累计接通 13 次，此时 C200 内计数为 −8，C200 不接通。最后 X012 不接通，X014 累计接通 3 次，此时 C200 内计数为 −5，C200 接通，Y001 输出。最后 X013 接通，清空 C200 内计数，C200 不再接通，Y001 停止输出。

四、任务步骤

1）I/O 分配见表 3-9。

表 3-9　I/O 分配

输入		输出	
起动按钮 SB1	X000	Y000	报警灯
停止按钮 SB2	X001	Y001	蜂鸣器

2）接线图如图 3-37 所示。

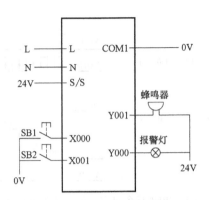

图 3-37　PLC 控制报警接线图

3）PLC 程序梯形图如图 3-38 所示。

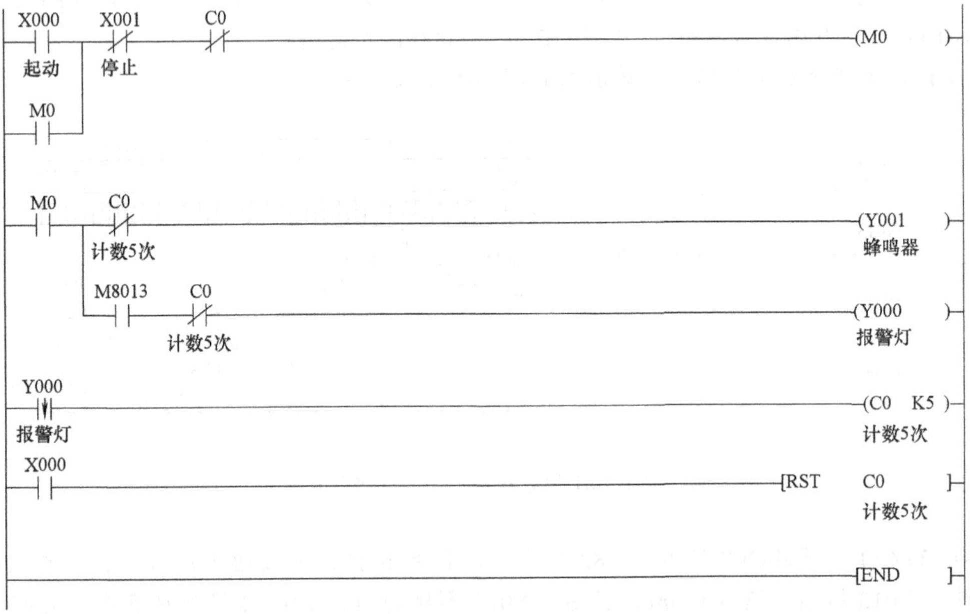

图 3-38　PLC 控制报警 PLC 程序梯形图

4）程序调试。在计算机中编写的梯形图经过程序检查无误后，进行转换并传至 PLC 进行系统调试。

5）任务评价见表 3-10。

表 3-10　任务评价

评估内容	评估标准	配分	得分
I/O 分配	合理分配 I/O 端子	10	
外部接线与布线	按照接线图，正确、规范接线	30	
梯形图设计	正确编写 PLC 程序	30	
程序检查与运行	下载、运行、监控正确的程序	10	
理解、总结能力	能正确理解实训任务，善于总结实训经验	10	
语言表达能力	清楚地表达实训操作步骤并合理解释实训现象	10	

任务 3.5　PLC 控制电动机顺序起动

传送带的控制是 PLC 控制中比较经典的一类控制。很多工业设备，为了节省能源的消耗和避免传送带上物料的堆积，经常由多台电动机控制传送带，而各台电动机的起动和停止是有顺序的。电动机的这种控制方式称为顺序起停控制。本任务主要介绍顺序起动的控制电路。电路中设置了一个起动按钮 SB1 和一个停止按钮 SB2。本任务中有两条传送带工作，也就有两台电动机在运行，需要用到两个接触器——上段传送带 A 用到接触器 KM1，下段传送带 B 用到接触器 KM2。

一、任务目标

1）掌握多台电动机顺序控制 PLC 输入/输出端的接线。
2）掌握多台电动机控制程序的编写。

二、任务要求

1）完成多台电动机顺序起动输入/输出端的接线。
2）完成多台电动机顺序起动 PLC 程序的编写。

三、相关指令介绍

1. 脉冲输出指令 PLS、PLF

1）PLS 上升沿脉冲指令：在输入信号上升沿产生一个扫描周期的脉冲输出，如图 3-39 所示。

图 3-39　PLS 上升沿脉冲指令的使用方法

2）PLF 下降沿脉冲指令：在输入信号下降沿产生一个扫描周期的脉冲输出。脉冲输出指令的使用方法如图 3-40 所示。利用微分指令检测到信号的边沿，通过置位和复位命令控制 Y000 的状态。

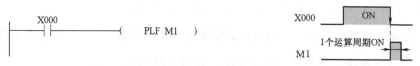

图 3-40　PLF 下降沿脉冲输出指令的使用方法

说明：PLS、PLF 指令的目标元件为 Y 和 M。

2. 脉冲式触点指令（LDP/LDF）

1）LDP（取上升沿指令）：与左母线连接的常开触点的上升沿检测指令，仅在指定位元件的上升沿（由 OFF→ON）时接通一个扫描周期，如图 3-41 所示。

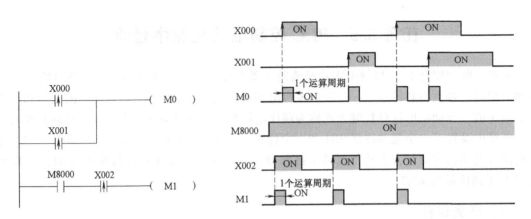

图 3-41　LDP 取上升沿指令的使用方法

2）LDF（取下降沿指令）：与左母线连接的常闭触点的下降沿检测指令，如图 3-42 所示。

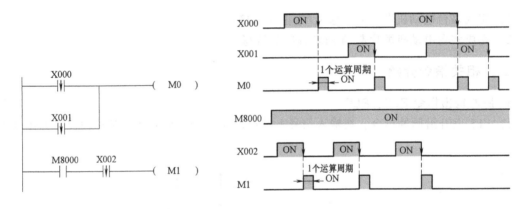

图 3-42　LDF 取下降沿指令的使用方法

说明：

① LDP、LDF 指令仅在对应元件有效时维持一个扫描周期的接通。图 3-42 中，当 X000 有一个下降沿时，M0 只有一个扫描周期为 ON。

② LDP、LDF 指令的目标元件为 X 、Y 、M 、T、C 和 S。

在 GX Works2 编程软件中有专门的运算结果上升沿脉冲化 ↑↑、运算结果下降沿脉冲化 ↓↓ 功能，也可以实现输出脉冲化。设计程序，如图 3-43 所示。

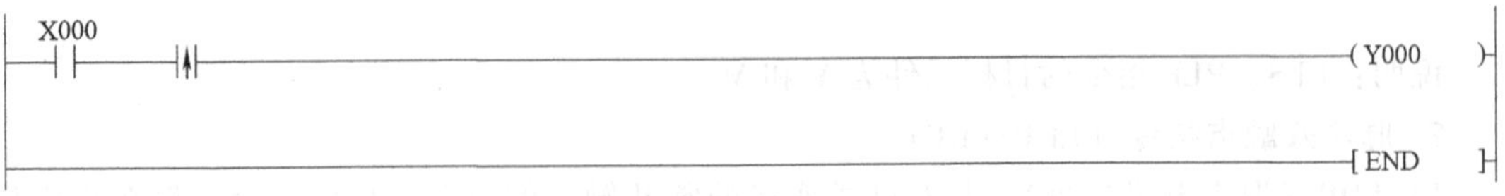

```
  X000
  ┤├────┤↑├──────────────────────────────( Y000 )

                                            [ END ]
```

图 3-43　运算结果脉冲化指令的使用方法

四、任务步骤

1）控制电动机顺序起动电气原理图如图 3-44 所示。

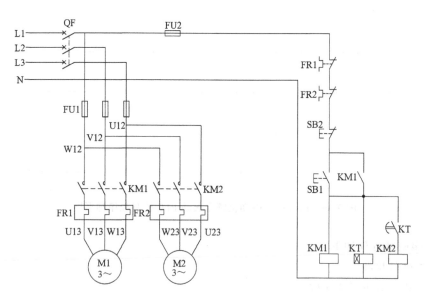

图 3-44　控制电动机顺序起动电气原理图

2）I/O 分配见表 3-11。

表 3-11　I/O 分配

输入		输出	
起动按钮 SB1	X000	Y000	KA1
停止按钮 SB2	X001	Y001	KA2

3）电气接线图如图 3-45 所示。

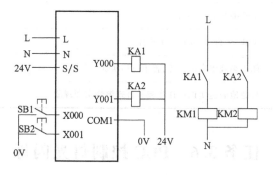

图 3-45　PLC 控制电动机顺序起动电气接线图

4）PLC 控制程序梯形图如图 3-46 所示。

图 3-46　PLC 控制电动机顺序起动 PLC 控制程序梯形图

5）程序调试过程如下：

① 检查硬件接线。

② 编写程序并下载至 PLC。

③ 系统调试：按下起动按钮 SB1，观察 PLC 输出指示灯 Y000 与电动机的状态；过 5s 后观察 PLC 输出指示灯 Y001 与电动机的状态；按下停止按钮 SB2 或将热继电器 FR 的常闭触点断开，观察 PLC 输出指示灯 Y000、Y001 的状态。观察接触器 KM1、KM2 和电动机的动作是否符合控制要求。

6）任务评价见表 3-12。

表 3-12　任务评价

评估内容	评估标准	配分	得分
I/O 分配	合理分配 I/O 端子	10	
外部接线与布线	按照接线图，正确、规范接线	30	
梯形图设计	正确编写 PLC 程序	30	
程序检查与运行	下载、运行、监控正确的程序	10	
理解、总结能力	能正确理解实训任务，善于总结实训经验	10	
语言表达能力	清楚地表达实训操作步骤并合理解释实训现象	10	

任务 3.6　PLC 控制灯光闪烁

图 3-47 所示为某舞台灯光系统，接通电源后，甲组先亮 5s 后停止，乙、丙组同时开始点亮，3s 后乙组熄灭，再过 3s 丙组熄灭，甲、乙组又点亮，再过 2s 丙组也点亮。丙组持续点亮 5s 后全部熄灭，再过 2s 从甲组又开始新的周期。

图 3-47　舞台灯光系统

一、任务目标

1）掌握 PLC 的基本指令 ORB/ANB。

2）掌握 PLC 控制信号灯外部接线及调试。

3）掌握灯光闪烁 PLC 程序的编写。

二、任务要求

1）完成灯光闪烁输入/输出端的接线。

2）完成灯光闪烁 PLC 程序的编写。

三、相关指令介绍

1. 串联电路块的并联连接指令 ORB

ORB 指令用于两个或两个以上的触点串联连接电路之间的并联。ORB 指令的使用方法如图 3-48所示。

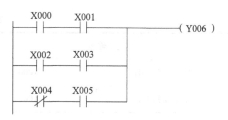

图 3-48　ORB 指令的使用方法

说明：

① 几个串联电路块并联连接时，每个串联电路块开始时应该用 LD 或 LDI 指令。

② 有多个电路块并联回路，如对每个电路块使用 ORB 指令，则并联的电路块数量没有限制。

③ ORB 指令也可以连续使用，但这种程序写法不推荐使用，LD 或 LDI 指令的使用次数不得超过 8 次，也就是 ORB 指令只能连续使用 8次以下。

2. 并联电路块的串联连接指令 ANB

ANB 指令用于两个或两个以上触点并联连接的电路之间的串联。ANB 指令的使用方法如图 3-49 所示。

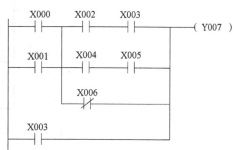

图 3-49　ANB 指令的使用方法

说明：

① 并联电路块串联连接时，并联电路块的开始均用 LD 或 LDI 指令。

② 多个并联回路块连接按顺序和前面的回路串联时，ANB 指令的使用次数没有限制。也可连续使用 ANB 指令，但与 ORB 指令一样，使用次数在 8 次以下。

3. 逻辑运算结果取反指令 INV

取反指令，执行该指令后将原来的运算结果取反。取反指令的使用方法如图 3-50 所示。如果 X000 断开，则 Y000 为 ON；否则，Y000 为 OFF。使用时应注意 INV 不能像指令表的 LD、LDI、LDP、LDF 那样与母线直接连接，也不能像指令表中的 OR、ORI、ORP、ORF 指令那样单独使用。该指令是一个无操作元件指令，占一个程序步。

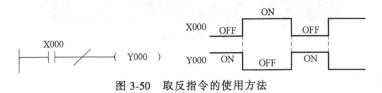

图 3-50　取反指令的使用方法

4. 空操作指令 NOP

空操作指令，不执行操作，但占一个程序步。执行 NOP 时并不做任何操作，有时可用 NOP 指令短接某些触点或用 NOP 指令将不要的指令覆盖。当 PLC 执行了清除用户存储器操作后，用户存储器的内容全部变为空操作指令。

四、任务步骤

1）I/O 分配见表 3-13。

表 3-13　I/O 分配

输入		输出	
起动按钮 SB1	X000	Y000	甲组灯
停止按钮 SB2	X001	Y001	乙组灯
		Y002	丙组灯

2）接线图如图 3-51 所示。

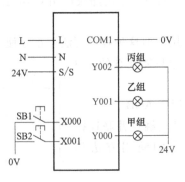

图 3-51　PLC 控制灯光闪烁接线图

3）PLC 程序梯形图如图 3-52 所示。

```
      X000   X001
      ─┤├─────┤/├──────────────────────( M1 )──
       起动    停止
       M1
      ─┤├─

       M1     T5
      ─┤├─────┤/├──────────────────────( T0  K50 )──
             延时2s                        延时5s
       T0
      ─┤├──────────────────────────────( T1  K50 )──
      延时5s                             延时5s
       T1
      ─┤├──────────────────────────────( T2  K30 )──
      延时5s                             延时3s
       T2
      ─┤├──────────────────────────────( T3  K20 )──
      延时3s                             延时2s
       T3
      ─┤├──────────────────────────────( T4  K50 )──
      延时2s                             延时5s
       T4
      ─┤├──────────────────────────────( T5  K20 )──
      延时5s                             延时2s

       M1     T0
      ─┤├─────┤/├───┬──────────────────( Y000 )──
             延时5s  │                     甲组灯
       T2     T4    │
      ─┤├─────┤/├───┘
      延时3s  延时5s
       T0     T1
      ─┤├─────┤/├───┬──────────────────( Y001 )──
      延时5s  延时5s │                     乙组灯
       T2     T4    │
      ─┤├─────┤/├───┘
      延时3s  延时5s

       T0     T2
      ─┤├─────┤/├───┬──────────────────( Y002 )──
      延时5s  延时3s │                     丙组灯
       T3     T4    │
      ─┤├─────┤/├───┘
      延时2s  延时5s

      ────────────────────────────────[ END ]──
```

图 3-52 PLC 控制灯光闪烁程序梯形图

4）程序调试。在计算机中编写的梯形图经过程序检查无误后，进行转换并传至 PLC。

按下起动按钮 SB1，观察 PLC 各个输出指示灯的状态；按下停止按钮 SB2，观察 PLC 各个输出指示灯的状态。观察各个指示灯动作是否符合控制要求。

5）任务评价见表 3-14。

表3-14 任务评价

评估内容	评估标准	配分	得分
I/O 分配	合理分配 I/O 端子	10	
外部接线与布线	按照接线图,正确、规范接线	30	
梯形图设计	正确编写 PLC 程序	30	
程序检查与运行	下载、运行、监控正确的程序	10	
理解、总结能力	能正确理解实训任务,善于总结实训经验	10	
语言表达能力	清楚地表达实训操作步骤并合理解释实训现象	10	

任务 3.7　抢答器控制系统设计

抢答器常用于各种知识竞赛、比赛现场,为竞赛增添了刺激性、娱乐性,在一定程度上丰富了人们的业余文化生活。实现抢答器功能的方式有多种,可以采用早期的模拟电路或模/数混合电路,也可采用 PLC。用 PLC 进行知识竞赛抢答器设计,其控制方只要改变输入 PLC 的控制程序,便可改变竞赛抢答器的抢答方案。图 3-53 所示为抢答器示例。

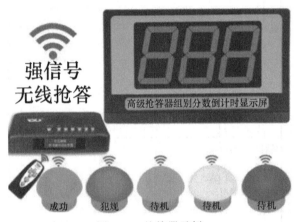

图 3-53　抢答器示例

通过 PLC 控制系统实现对竞赛抢答器系统的控制。竞赛抢答器可供参赛的三组进行抢答比赛。控制要求如下:

1)抢答器设有 1 个主持人总台和 3 个参赛队分台,总台设置有总台电源指示灯、撤销抢答信号指示灯、总台电源转换开关、抢答开始/复位按钮。分台设有 1 个抢答按钮和 1 个抢答指示灯。

2)竞赛开始前,竞赛主持人首先接通"起动/停止"转换开关,电源指示灯亮。

3)各队抢答必须在主持人给出题目按下开始抢答按钮后的 10s 内进行。如果在 10s 内有人抢答,则最先按下的抢答按钮信号有效,相应分台上的抢答指示灯亮,其他组再按抢答按钮无效。

4)当主持人按下开始抢答按钮后,如果在 10s 内无人抢答,则撤销抢答信号,表示抢答器自动撤销此次抢答信号。

5）主持人没有按下开始抢答按钮，各分台按下抢答按钮均无反应。

6）一轮抢答结束或 10s 后无人抢答，只要主持人再次按下抢答开始/复位按钮，抢答指示灯和撤销抢答信号指示灯熄灭，同时抢答器恢复原始状态，为第二轮抢答做准备。

一、任务目标

1）掌握 PLC 的主控指令 MC/MCR 的用法。

2）掌握 PLC 控制抢答器外部接线及调试方法。

3）掌握抢答器系统 PLC 程序的编写。

二、任务要求

1）完成抢答器系统输入/输出端的接线。

2）完成抢答器系统 PLC 程序的编写。

三、相关指令介绍

主控及主控复位指令 MC、MCR：

1）MC（Master Control）：主控指令，用于公共串联触点的连接。执行 MC 后，左母线移到 MC 触点的后面。

2）MCR（Master Control Reset）：主控复位指令，它是 MC 指令的复位指令，即利用 MCR 指令恢复原左母线的位置。

主控指令是总与分的控制指令，即总条件控制部分程序主控指令可进行嵌套。最多有 8 级嵌套，N0~N7。图 3-54 所示为主控指令用法举例。

上述程序中，MC 是主控指令的开始标志。N0 是主控的等级（N0 为最高等级），M30 是主控的输出线圈，MCR 是主控指令的结束。

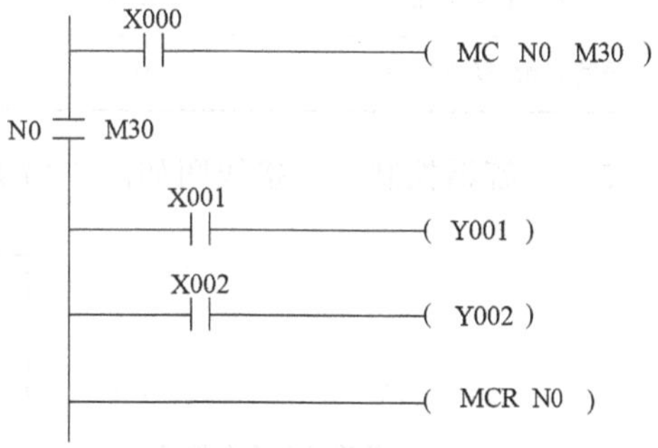

程序分析如下：

当条件 X000 接通后，其输出线圈 M30 接通，主母线上对应的 M30 的触点接通。此时，X001 的通断可以控制 Y001 通断，X002 的通断可以控制 Y002 通断。

当条件 X000 断开时，其输出线圈 M30 也断开，主母线上对应的 M30 的触点断开。此时，不管 X001、X002 接通或断开，Y001、Y002 都不会接通。

图 3-54　主控指令用法举例

由上面的程序可以看出，主控指令相当于一个总开关。总开关接通，下面的开关才能执行控制；总开关断开，则不管下面的开关怎么动作，执行机构都不会动作。

在同一个程序中，可以多次使用主控指令。当主控指令各自独立时，主控指令没有等级区分，一般都用 N0 来表示。如果没有嵌套，可以再次使用 N0 编号编程。N0 的使用次数没有限制，如图 3-55 所示。在有嵌套时，嵌套等级的编号从 N0→N1→…→N6→N7，依次增加，如图 3-56 所示。

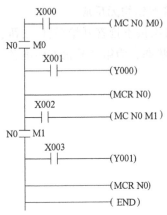

图 3-55　主控指令无嵌套程序举例

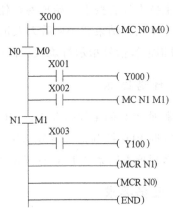

图 3-56　主控指令有嵌套程序举例

四、任务步骤

1）I/O 分配见表 3-15。

表 3-15　I/O 分配

输入		输出	
起动/停止按钮	X000	Y000	起动指示灯
1 分台抢答按钮	X001	Y001	1 分台抢答指示灯
2 分台抢答按钮	X002	Y002	2 分台抢答指示灯
3 分台抢答按钮	X003	Y003	3 分台抢答指示灯
抢答开始/复位按钮	X004	Y004	撤销抢答指示灯

2）抢答器控制系统接线图如图 3-57 所示。

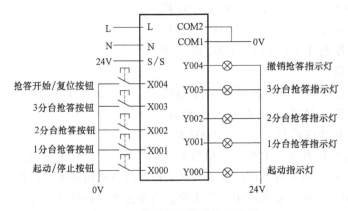

图 3-57　抢答器控制系统接线图

3）PLC 程序梯形图如图 3-58 所示。

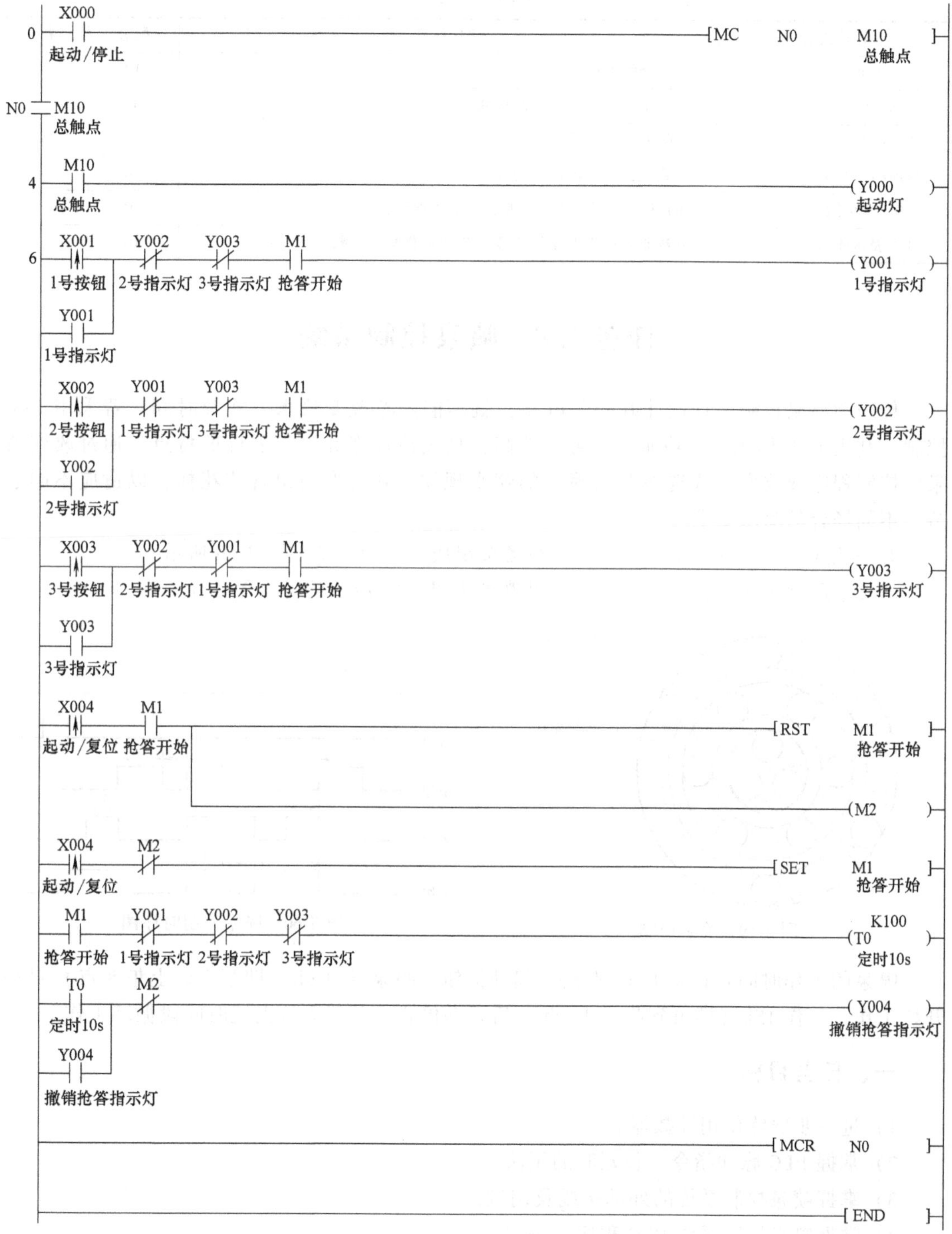

图 3-58 抢答器控制系统 PLC 程序梯形图

4）程序调试。在计算机中编写的梯形图程序经过检查无误后，进行转换并传至 PLC。观察各个指示灯动作是否符合控制要求。

5）任务评价见表 3-16。

表 3-16　任务评价

评估内容	评估标准	配分	得分
I/O 分配	合理分配 I/O 端子	10	
外部接线与布线	按照接线图,正确、规范接线	30	
梯形图设计	正确编写 PLC 程序	30	
程序检查与运行	下载、运行、监控正确的程序	10	
理解、总结能力	能正确理解实训任务,善于总结实训经验	10	
语言表达能力	清楚地表达实训操作步骤并合理解释实训现象	10	

任务 3.8　喷泉控制系统

传统的喷泉控制一旦设计好控制电路,就不能随意改变喷水方式及时间。若采用 PLC 控制,利用 PLC 体积小、功能强、可靠性高,且灵活性强和可扩展性的特点,通过改变喷泉的控制程序或改变方式选择开式喷泉的喷水规律,就可变换出各式花样,以适应不同季节、不同场合的喷水要求。

有一花式喷泉分别由甲、乙、丙三组喷头组成,其示意图如图 3-59 所示。

当按下起动按钮后,甲、乙、丙三组喷头按图 3-60 所示的时序图循环工作。

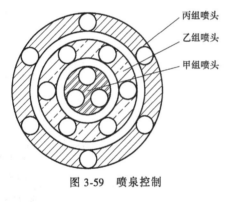

图 3-59　喷泉控制

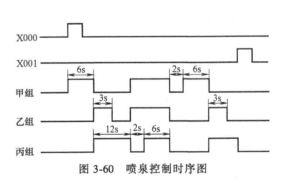

图 3-60　喷泉控制时序图

喷泉的工作时间是在晚上 11 点按下起动按钮,喷泉延时 9h(即第 2 天上午 8 点)自动开始工作,工作 15h(即再到晚上 11 点)后自动停止,并每天按上述时间段循环工作。

一、任务目标

1)进一步熟练使用计数器。
2)掌握 PLC 脉冲指令、长延时的用法。
3)掌握喷泉控制系统的外部接线及调试。
4)掌握喷泉控制系统 PLC 程序的编写。

二、任务要求

1)完成喷泉控制系统输入/输出端的接线。
2)完成喷泉控制系统 PLC 程序的编写。

三、相关知识介绍

单个计数器最多可以计时达到 3000 多秒,而我们如何实现 8h 或者 15h 的延时计时?下面介绍 3 种方法:

1. 单独计数器实现的长延时

单独计数器实现的长延时控制程序如图 3-61 所示,程序中以特殊辅助继电器 M8014(1min 时钟)作为计数器 C0 的输入脉冲信号,这样延时时间就是若干分钟。如果一个计数器不能满足要求,可以将多个计数器串联使用,也就是用前面一个计数器的输出作为后一个计数器的输入脉冲。

编程实例:

1)用计数器实现 1h 定时控制程序。用计数器实现 1h 定时控制程序梯形图如图 3-61、图 3-62 所示。其中,X000 是起动按钮,X001 是停止按钮。

2)用 M8014 和计数器配合实现 1h 定时程序。以 M8014 作为分钟时钟脉冲的定时程序如图 3-63 所示。

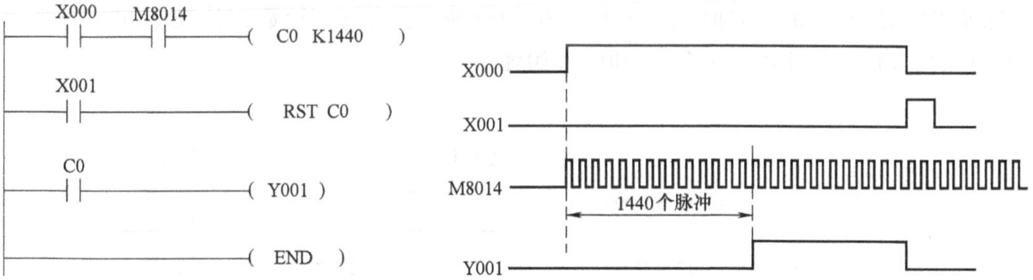

图 3-61 用计数器实现 1h 定时控制程序 1

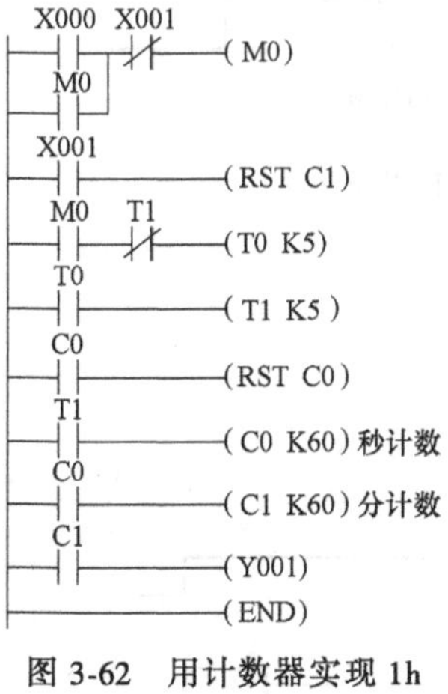

图 3-62 用计数器实现 1h
定时控制程序 2

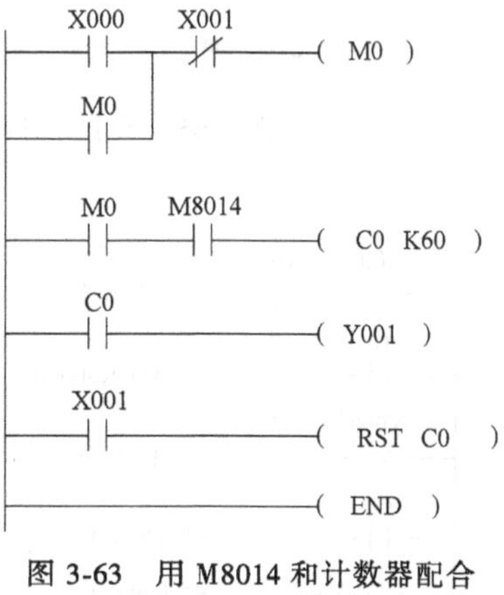

图 3-63 用 M8014 和计数器配合
实现 1h 定时控制程序

用计数器实现 24h 时钟控制程序如图 3-64 所示。

2. 多个定时器组合实现的长延时控制

多个定时器组合实现的长延时控制如图 3-65 所示。当 X001 接通时，T1 线圈得电延时（2400s），延时到 T1 常开触点闭合，又使 T2 线圈得电，并开始延时（2400s），定时器 T2 延时到，其常开触点闭合，再使 T3 线圈得电，并开始延时（2400s），当 T3 常开触点闭合时，才使 Y001 接通。

从 X001 接通到 Y001 接通共延时 2h。

3. 定时器与计数器组合实现的长延时控制

定时器与计数器组合实现的长延时控制如图 3-66 所示。当 X000 不接通时，常闭触点闭合，C0 复位不工作。当 X000 接通时，常开触点闭合，T0 开始定时，3000s 后，T0 定时器常闭触点断开，使它自己复位，复位后 T0

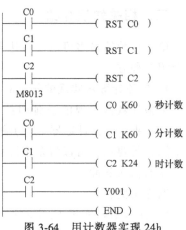

图 3-64　用计数器实现 24h
时钟控制程序

的当前值变为 0，同时它的常闭触点接通，使自己的线圈重新通电，又开始定时。T0 将这样周而复始地工作，直至 X000 变为 OFF。从图中可看出，第一行电路是一个脉冲信号发生器，脉冲周期等于 T0 的定时时间，它们产生的脉冲列送给 C0 计数，计满 30000 个数（即 25000h）后，C0 的常开触点闭合，Y000 开始输出。

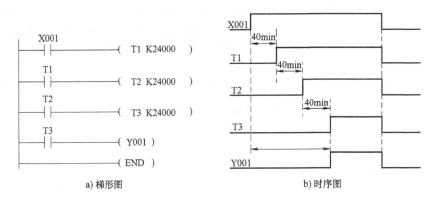

a) 梯形图　　　　　　　　　　b) 时序图

图 3-65　多个定时器组合实现的长延时控制程序

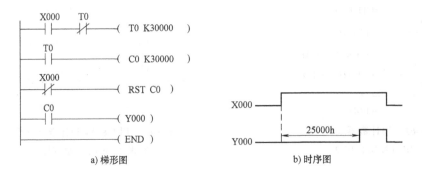

a) 梯形图　　　　　　　　　　b) 时序图

图 3-66　定时器与计数器组合实现的长延时控制程序

四、任务步骤

1）I/O 分配见表 3-17。

2）接线图如图 3-67 所示。

表 3-17 I/O 分配

输入		输出	
起动按钮 SB1	X000	Y000	甲组喷泉
停止按钮 SB2	X001	Y001	乙组喷泉
		Y002	丙组喷泉

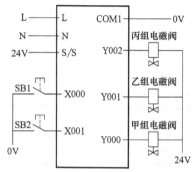

图 3-67 喷泉控制系统接线图

3）PLC 程序梯形图如图 3-68 所示。

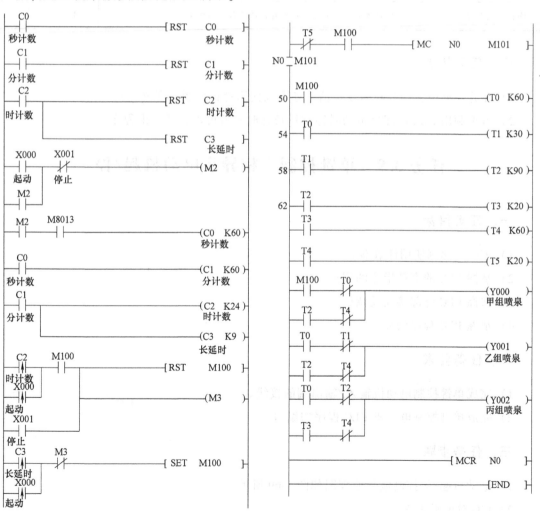

图 3-68 喷泉控制系统 PLC 程序梯形图

4) 程序调试。在计算机中编写的梯形图经过程序检查无误后，进行转换并传至 PLC。按下起动按钮 SB1，观察 PLC 各个输出指示灯的状态；按下停止按钮 SB2，观察 PLC 各个输出指示灯的状态。观察各个指示灯动作是否符合控制要求。

5) 任务评价见表 3-18。

表 3-18　任务评价

评估内容	评估标准	配分	得分
I/O 分配	合理分配 I/O 端子	10	
外部接线与布线	按照接线图,正确、规范接线	30	
梯形图设计	正确编写 PLC 程序	30	
程序检查与运行	下载、运行、监控正确的程序	10	
理解、总结能力	能正确理解实训任务,善于总结实训经验	10	
语言表达能力	清楚地表达实训操作步骤并合理解释实训现象	10	

五、任务拓展

1) 在此任务中，计数器的复位信号还可以使用哪种控制实现复位？

2) 可否利用 PLC 内部自带的时钟进行长计时？若可以，请写出程序。

任务 3.9　单键控制三相异步电动机起/停

一、任务目标

1) 进一步熟练使用计数器。

2) 掌握 PLC 的交替指令的用法。

3) 掌握 PLC 外部接线及调试。

4) 掌握 PLC 程序的编写。

二、任务要求

1) 完成单键控制电动机输入/输出端的接线。

2) 完成单键控制电动机 PLC 程序的编写。

三、任务步骤

1) 电动机起/停控制电气原理图如图 3-69 所示。

2) I/O 分配见表 3-19。

表 3-19　I/O 分配

输入		输出	
热继电器 FR	X000	Y000	KA1
起/停按钮 SB1	X001		

3）接线图如图 3-70 所示。

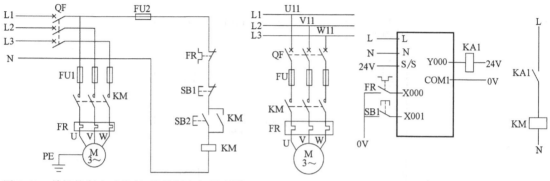

图 3-69　单键控制电动机起/停控制电气原理图　　　　图 3-70　PLC 接线图

4）PLC 程序梯形图如图 3-71 所示。

图 3-71　PLC 程序梯形图

5）程序调试。在计算机中编写的梯形图经过程序检查无误后，进行转换并传至 PLC。按下起/停按钮 SB1，观察 PLC 输出指示灯与电动机的状态；观察输出指示灯与电动机动作是否符合控制要求。

6）任务评价见表 3-20。

表 3-20　任务评价

评估内容	评估标准	配分	得分
I/O 分配	合理分配 I/O 端子	10	
外部接线与布线	按照接线图，正确、规范接线	30	
梯形图设计	正确编写 PLC 程序	30	
程序检查与运行	下载、运行、监控正确的程序	10	
理解、总结能力	能正确理解实训任务,善于总结实训经验	10	
语言表达能力	清楚地表达实训操作步骤并合理解释实训现象	10	

四、任务拓展

1）在此任务中，将程序改为用计数器控制电动机起/停的程序如图 3-72 所示。

项目 3　PLC 基本控制系统设计

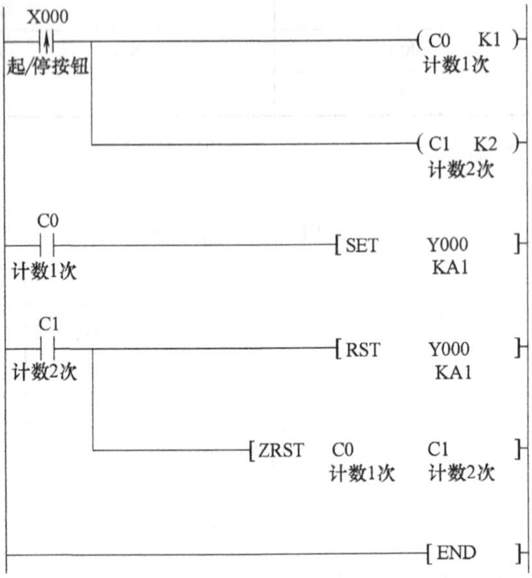

```
     X000
     ─┤↑├──────────────────────────────────( C0    K1 )
    起/停按钮                                    计数1次

                    ├──────────────────────────( C1    K2 )
                                                计数2次

      C0
     ─┤ ├─────────────────────────────[ SET    Y000     ]
    计数1次                                       KA1

      C1
     ─┤ ├─────────────────────────────[ RST    Y000     ]
    计数2次                                       KA1

                    ├────────────────────[ ZRST   C0      C1     ]
                                                计数1次   计数2次

                                           ─────────────[ END     ]
```

图 3-72 计数器控制电动机起/停参考程序

2）试写单键控制三相异步电动机的正/反转的程序，如图 3-73 所示。

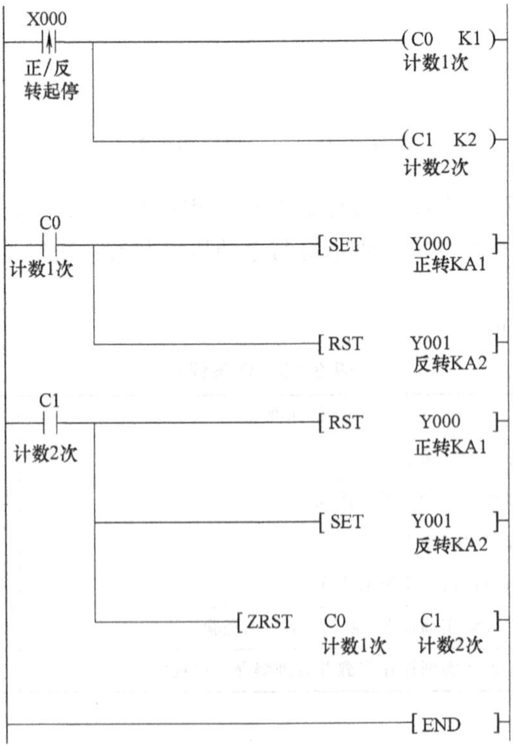

```
     X000
     ─┤↑├──────────────────────────────────( C0    K1 )
     正/反                                       计数1次
     转起停
                    ├──────────────────────────( C1    K2 )
                                                计数2次

      C0
     ─┤ ├─────────────────────────────[ SET    Y000     ]
    计数1次                                     正转KA1

                    ├────────────────────[ RST    Y001     ]
                                                 反转KA2

      C1
     ─┤ ├─────────────────────────────[ RST    Y000     ]
    计数2次                                     正转KA1

                    ├────────────────────[ SET    Y001     ]
                                                 反转KA2

                    ├────────────────────[ ZRST   C0      C1     ]
                                                计数1次   计数2次

                                           ─────────────[ END     ]
```

图 3-73 单键控制电动机的正/反转参考程序

任务 3.10 四条传送带顺序起动与循环控制

一、任务目标

1) 进一步熟练使用定时器。
2) 掌握 PLC 的基本指令的用法。
3) 掌握 PLC 外部接线及调试。
4) 掌握 PLC 程序的编写。

二、任务要求

1) 完成四条传送带控制输入/输出端的接线。
2) 完成四条传送带控制 PLC 程序的编写。

三、任务步骤

设计一个四条传送带控制程序。其控制要求如下：按下起动按钮，起动最末一条传送带，依次延时 5s，起动其他传送带；按下停止按钮，停止最前一条传送带，依次延时 5s，停止其他传送带。

1) I/O 分配见表 3-21。

表 3-21 I/O 分配

输入		输出	
起动按钮 SB1	X000	Y000	KA1
停止按钮 SB2	X001	Y001	KA2
		Y002	KA3
		Y003	KA4

2) 接线图如图 3-74 所示。

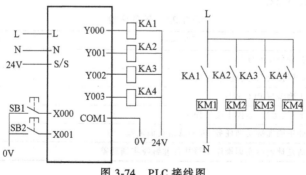

图 3-74 PLC 接线图

3) PLC 程序梯形图如图 3-75 所示。

4) 程序调试。在计算机中编写的梯形图经过程序检查无误后，进行转换并传至 PLC。按下起动按钮 SB1，观察 PLC 各个输出指示灯与电动机的状态；按下停止按钮 SB2，观察 PLC 各个输出指示灯与电动机的状态。观察各个指示灯与电动机动作是否符合控制要求。

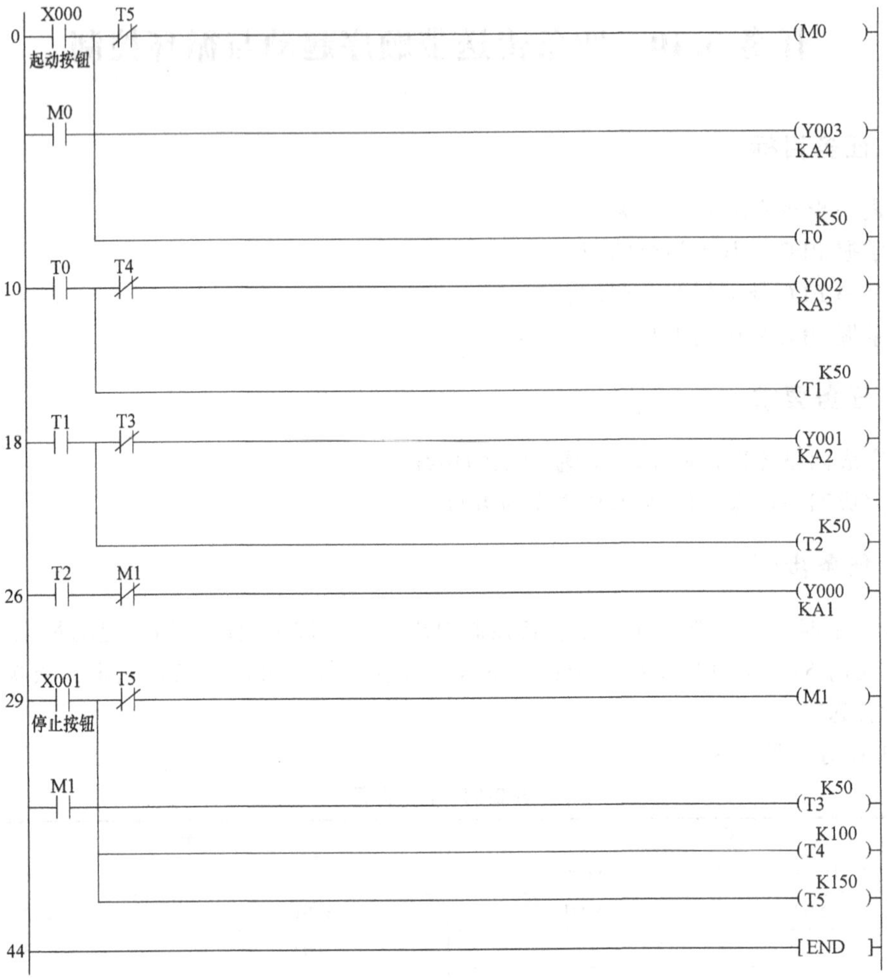

图 3-75　PLC 程序梯形图

5) 任务评价见表 3-22。

表 3-22　任务评价

评估内容	评估标准	配分	得分
I/O 分配	合理分配 I/O 端子	10	
外部接线与布线	按照接线图,正确、规范接线	30	
梯形图设计	正确编写 PLC 程序	30	
程序检查与运行	下载、运行、监控正确的程序	10	
理解、总结能力	能正确理解实训任务,善于总结实训经验	10	
语言表达能力	清楚地表达实训操作步骤并合理解释实训现象	10	

四、任务拓展

四条传送带的循环控制。要求:按下起动按钮,先起动第一条传送带,5s 后停止并起动第二条传送带,运行 5s 后停止并起动第三条传送带,运行 5s 后停止并起动第四条传送带,运行 5s 后停止并起动第一条传送带……以此循环运行;按下停止按钮,停止输出。

1) I/O 分配见表 3-23。

表 3-23 I/O 分配

输入		输出	
起动按钮 SB1	X000	Y000	KA1
停止按钮 SB2	X001	Y001	KA2
		Y002	KA3
		Y003	KA4

2) 接线图如图 3-76 所示。

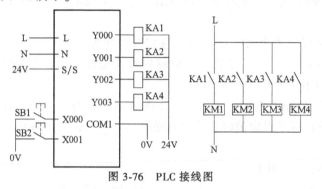

图 3-76　PLC 接线图

3) 参考程序如图 3-77 所示。

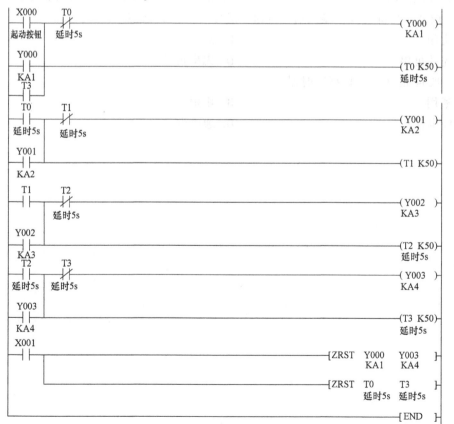

图 3-77　四条传送带的循环控制参考程序

项目 3　PLC 基本控制系统设计

项目练习题

1. 填空题

（1）当 X000 常开接通时，Y000 变为 ON 状态并一直保持该状态，即使 X000 断开，Y000 的 ON 状态也维持不变的指令为_____；只有当 X010 的常开闭合时，Y000 才由 ON 变为 OFF 状态并保持，即使 X010 常开断开；Y000 也为 OFF 状态的指令为_____。

（2）使用一次 MPS 指令，便将当前运算结果送入堆栈的_____，而将原有的数据移到堆栈的_____。

（3）T20 的时间设定值为 K120，则其实际定时时间为_____。

（4）16 位计数器为_____计数，应用前先对其设置一个设定值时，当输入信号个数累积到设定值时，计数器动作。

（5）计数器的复位输入电路_____、计数器输入电路_____时，计数器的当前值加 1。计数器的当前值等于设定值时，其常开触点_____，常闭触点_____。

2. 选择题

（1）PLC 的 ANI 指令用于（　　）。

A. 常闭触点的串联   B. 常闭触点的并联

C. 常开触点的串联   D. 常开触点的并联

（2）PLC 的外部接线，输入信号按钮一般接（　　）触点。

A. 常闭   B. 常开

C. 先并再串   D. 先串再并

（3）T254 是（　　）型定时器。

A. 通用   B. 累积

C. 断电保持   D. 通电保持

项目4 顺序控制系统设计

任务 4.1 PLC 控制机械手

在现代大规模制造业中，企业为了提高生产效率，保障产品质量，普遍重视生产过程的自动化程度。工业机械手为自动化生产线上的重要设备，逐渐普遍采用。

在自动化控制系统中，使用机械手抓取工件，实现工件的自动搬运。当供料架上的传感器感应到工件到位后，机械手悬臂伸出→手臂下降到位→夹取工件→手臂上升到位→悬臂缩回→机械手左行→悬臂伸出→手臂下降到位→放下工件并等待 2s→手臂上升到位→悬臂缩回→机械手右行→等待搬运下一工件到位。机械手搬运货物示意图如图 4-1 所示。

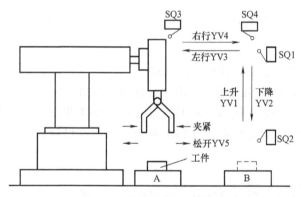

图 4-1 机械手搬运货物示意图

一、任务目标

1) 掌握状态继电器 S 的用法。
2) 掌握 PLC 步进指令的用法。
3) 熟悉 PLC 步进编程的方法。
4) 掌握 PLC 外部接线及系统调试方法。
5) 掌握机械手系统 PLC 程序的编写。

二、任务要求

1) 完成机械手系统输入/输出端的接线。
2) 完成机械手系统 PLC 程序的编写。

三、相关指令与知识介绍

1. 步进指令

步进梯形指令，简称步进指令。三菱 FX 系列 PLC 有两条步进指令：STL 和 RET。当程序是顺序控制，而且步骤较多和复杂的时候，一般会采用步进编程方法，这样可把编程变得简单、明朗、易懂。

（1）STL 指令　STL 是步进开始指令，如图 4-2 所示，它的功能是将步进触点与左母线相连，操作元件是状态继电器 S。

（2）RET 指令　RET 是步进结束指令，如图 4-3 所示，它的功能是将临时左母线返回到原来的位置。

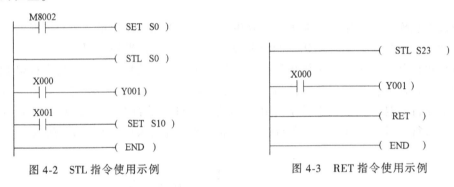

图 4-2　STL 指令使用示例　　　　　　图 4-3　RET 指令使用示例

指令说明：

① 步进触点只有常开触点，没有常闭触点。

② 状态继电器 S 只有在 SET 指令后面才具有顺序控制作用。

③ 在实际编程时，每条步进指令后不必都加一条 RET 指令，只需在连续的一系列步进指令的最后一条的临时左母线后接一条 RET 指令返回原左母线，且必须有这条指令，否则会出现程序错误报警。

2. 顺序功能图

（1）顺序控制的定义　顺序控制就是按照生产工艺所要求的动作顺序，在各个输入信号的作用下，根据内部的状态或时间顺序，使生产过程的各个执行机构自动地、有顺序地进行操作。

任何一个顺序控制过程都可分解为若干步骤，每一工步（状态器）就是控制过程中的一个状态。每个工步往下进行都需要一定的条件，也需要一定的方向，这就是转移条件和转移方向。所以顺序控制的动作流程图也称为状态转移图、顺序功能图。状态转移图就是用状态（工步）控制过程的流程图。

（2）顺序功能图的组成　顺序功能图中，一个完整的状态必须包括：该状态的驱动负载，该状态所驱动的对下一个状态转移的条件，明确的转移步，如图 4-4 所示。

为了实现状态转移，必须满足两个方面：一是转移条件必须成立，二是前一步当前正在进行。二者缺一不

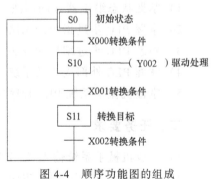

图 4-4　顺序功能图的组成

可，否则在某些情况下程序的执行就会混乱。

（3）顺序功能图的绘制步骤

1）分析控制要求和工艺流程，确定状态转移图的结构（复杂系统需要）。

2）将工艺流程分解为若干步，每一步表示一个稳定状态。

3）确定步与步之间的转移条件及其关系。

4）确定初始状态（可用输出或状态继电器）。

5）循环执行与正常停止问题。

6）急停信号的处理。

（4）顺序功能图的基本结构　顺序功能图的基本结构有三种：单序列、选择序列、并行序列。本任务只介绍涉及的单序列结构，其余两种结构在后续相应任务中介绍。

单序列由一系列相继激活的步组成，每一步的后面仅有一个转换，每一个转换的后面只有一个步，如图 4-5 所示。

单序列顺序功能图的编程重点：

1）三要素：步、动作、转换条件。

2）步进顺控单支路中只有一个活动步。

3）当前活动步跳转到下一个活动步后，当前活动步自动失效（SET 指令除外）。

4）在步进梯形图中输出线圈（Y）可以重复出现（因为只执行当前的步）。

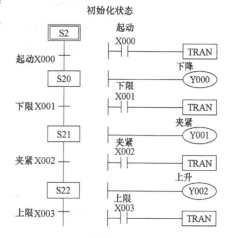

图 4-5　单序列的顺序功能图

四、任务步骤

1）I/O 分配见表 4-1。

表 4-1　I/O 分配

输入		输出	
起动按钮 SB1	X000	右行	Y000
停止按钮 SB2	X001	左行	Y001
物料检测传感器	X002	缩回	Y002
右行到位传感器	X003	伸出	Y003
左行到位传感器	X004	上升	Y004
缩回到位传感器	X005	下降	Y005
伸出到位传感器	X006	夹取	Y006
上升到位传感器	X007	松开	Y007
下降到位传感器	X010		
手爪传感器	X011		

2）接线图如图 4-6 所示。

3）PLC 程序：

① 顺序功能图如图 4-7 所示。

② 程序梯形图如图 4-8 所示。

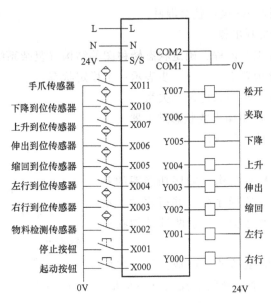

图 4-6　PLC 控制机械手接线图

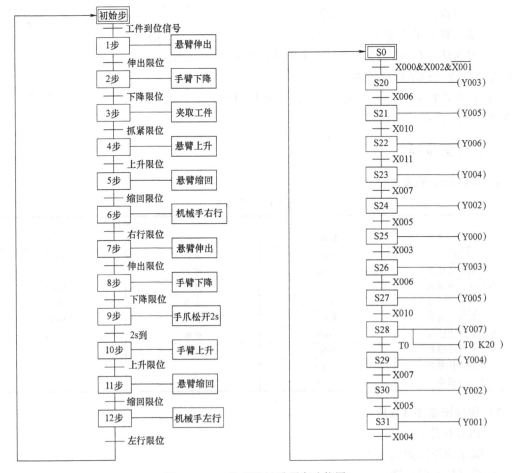

图 4-7　PLC 控制机械手顺序功能图

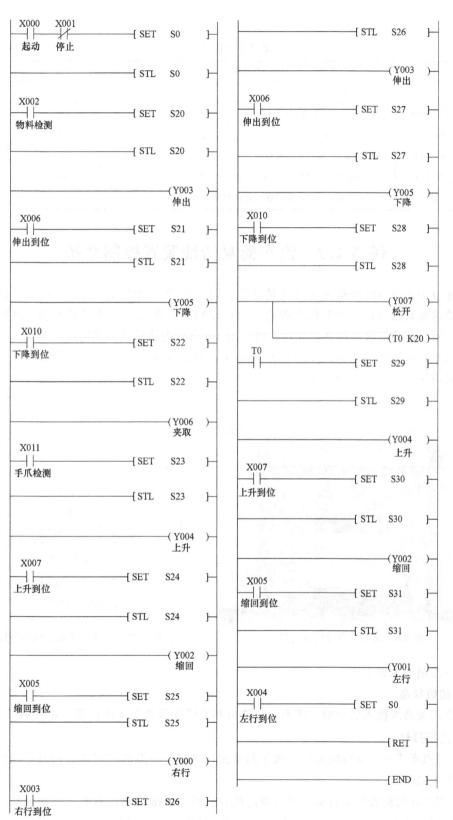

图 4-8　PLC 控制机械手 PLC 程序梯形图

4）任务评价见表4-2。

表 4-2　任务评价

评估内容	评估标准	配分	得分
I/O 分配	合理分配 I/O 端子	10	
外部接线与布线	按照接线图,正确、规范接线	30	
梯形图设计	正确编写 PLC 程序	30	
程序检查与运行	下载、运行、监控正确的程序	10	
理解、总结能力	能正确理解实训任务,善于总结实训经验	10	
语言表达能力	清楚地表达实训操作步骤并合理解释实训现象	10	

任务 4.2　汽车简易清洗装置控制系统

工业自动清洗机已经得到了较大的普及,但是它的自动化程度仍然不高,在特殊环境下,仍然需要对其进行一些升级和改造。PLC 控制的工业自动清洗机基本符合现阶段的需求,并且对以后更高级的改造也比较方便。图 4-9 所示为简单的自动清洗场景。

以汽车自动清洗机为例,使用 PLC 的顺序控制设计中的步进顺控指令编程法,完成对汽车自动清洗机的电气控制,如图 4-10 所示。

图 4-9　简单的自动清洗场景

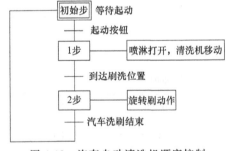

图 4-10　汽车自动清洗机顺序控制

任务控制要求如下:

1. 初始状态

汽车清洗装置投入运行前,喷淋、清洗机和旋转刷都处于关闭状态,如图 4-11 所示。

2. 运行操作

1）当汽车进入清洗机轨道时,按下起动按钮 SB1,喷淋阀门打开,同时清洗机开始移动,如图 4-12 所示。

2）当清洗机载着汽车移动,经过喷淋位置,到达清洗检测位置时,气动阀旋转刷开始转动,如图 4-13 所示。

3）转动的气动阀旋转刷清洗小车，如图 4-14 所示。

如果在清洗过程中需要停止，只要按下停止按钮 SB2，汽车清洗机就会停止工作。

图 4-11　汽车自动清洗机初始状态　　　图 4-12　汽车自动清洗机运行操作

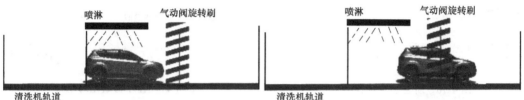

图 4-13　气动阀旋转刷转动　　　图 4-14　气动阀旋转刷清洗小车

一、任务目标

1）进一步熟练使用状态继电器与顺控步进指令。

2）掌握单序列的状态转移图的画法。

3）掌握通过编程软件 GX Works2 进行 SFC 工程文件的编辑与仿真、下载。

二、任务要求

1）完成汽车清洗装置控制系统输入/输出端的接线。

2）完成汽车清洗装置控制系统 PLC 程序的编写。

三、相关知识介绍

1. 顺序功能图编程语言（SFC）

PLC 是一种工业控制计算机，不光有硬件，软件也必不可少。PLC 的编程语言目前主要有以下几种：梯形图语言、助记符语句表语言、顺序功能图编程语言、功能块图编程语言和某些高级语言等。之前任务的编程语言采用的是梯形图编程语言，而下面开始顺序功能图编程语言（SFC）的应用。

顺序功能图（SFC）常用来编制顺序控制程序，它主要由步、有向连线、转换条件和动作（或命令）组成。顺序功能图法可以将一个复杂的控制过程分解为一些小的工作状态。将这些小状态的功能依次排序后，再把这些小状态按照一定顺序的控制要求连接成组合整体的控制程序。图 4-15 所示为采用顺序功能图编制的程序段。

图 4-15　采用顺序功能图编制的程序段

2. 新建 SFC 文件

（1）工程名的建立　启动 GX Works2 编程软件，选择工程类型为"简单工程",PLC 类型为"FX3U/FX3UC",在程序语言框内选择"SFC";单击"确定"按钮,如图 4-16 所示。

（2）程序初始化的建立　如图 4-17 所示,在"块信息设置"对话框中的"块类型"中选择"梯形图块",然后单击"执行"按钮。

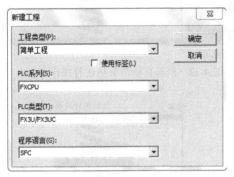

图 4-16　新建 SFC 工程

图 4-17　程序初始化的建立

（3）初始化梯形图的输入　在图 4-18 所示右边的梯形图编程界面中,输入初始化脉冲 M8002 及置位指令 SET S0,并按 F4 键进行程序转换。

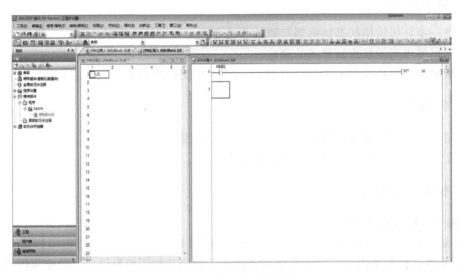

图 4-18　初始化梯形图的输入

（4）状态转移图（SFC 块）的输入

1）状态转移图（SFC 块）的命名。右键单击界面中"工程"栏"程序"下的"MAIN",新建数据然后在出现的"块信息设置"对话框中,在"块类型"内选择"SFC块",然后单击"执行"按钮,如图 4-19 所示。

2）状态转移图（SFC 块）的步（STEP）符号的输入。将光标移至图 4-20 所示界面。

3）状态转移图（SFC 块）转移条件（TR）符号的输入。将光标移至图 4-21 所示界面,并按 F4 进行程序变换,如图 4-22 所示。

注意:在每个条件后面必须加上［TRAN］。

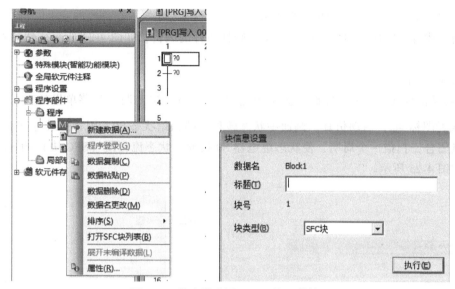

图 4-19　状态转移图（SFC 块）的输入

图 4-20　SFC 块步（STEP）符号的输入

图 4-21　SFC 块转移条件（TR）符号的输入

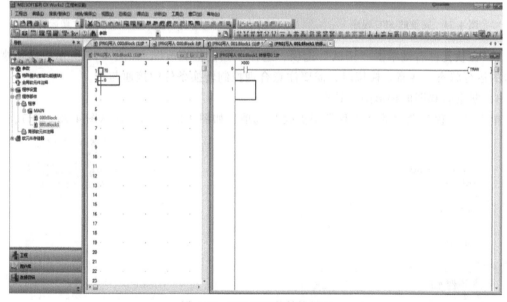

图 4-22　SFC 工程的转换界面

4）状态转移图（SFC 块）跳转条件（JUMP）符号的输入。如图 4-23 所示，双击该步线框，在图形符号中选择"JUMP"跳转指令，并在紧跟其后的框中输入跳转的

图 4-23　SFC 块的跳转条件（JUMP）符号的输入

目标步，如"0"，然后单击"确定"按钮。

使用上述方法完成控制任务中的各步与转换条件的编辑，如图4-24所示。然后按F4进行程序整体变换。

3. 仿真运行

1）启动仿真软件，进入初始状态（S0）。单击画面下拉"调试"菜单里的"模拟开始/停止"或者图标，启动仿真。画面中状态转移图的初始状态S0，因特殊继电器M8002的常开触点闭合，扫描一个周期，使状态继电器S0接通，状态流程图（SFC块）的S0变成蓝色框，如图4-25所示。

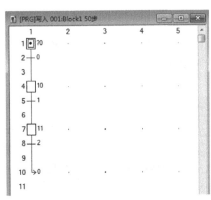

图 4-24 完整的 SFC 程序

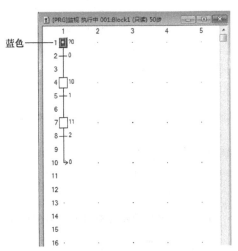

图 4-25 SFC 工程的仿真运行

2）在软元件右键单击"调试"选项，选择"当前值更改"，如图4-26所示，即可观察各步的运行状态。注意：模拟时，需要注意合理控制转换条件的接通与否。

3）状态转移图向梯形图的转换。

单击"工程"菜单的"工程类型更改"选项，如图4-27所示，显示图4-28a窗口，单

图 4-26 调试选项

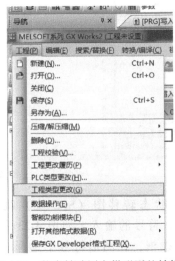

图 4-27 状态转移图向梯形图的转换 1

击"确定"按钮。接着将出现提示是否更改编程语言对话框如图4-28b所示，单击"确定"按钮即可完成SFC程序向梯形图的转换。

图4-28 状态转移图向梯形图的转换2

四、任务步骤

1）I/O分配见表4-3。

表4-3 I/O分配

输入		输出	
起动按钮SB1	X000	喷淋阀门	Y000
停止按钮SB2	X001	清洗机轨道	Y001
位置检测传感器	X002	清洗机刷洗	Y002

2）接线图如图4-29所示。

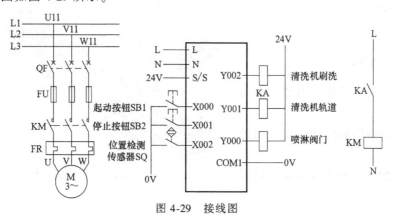

图4-29 接线图

3）PLC程序如图4-30所示。

4）程序下载：

① PLC与计算机连接使用专用通信电缆RS-232/RS-422转换器将PLC与计算机的COM串口连接。

② 首先接通系统电源，然后单击软件的写入按钮 ![] 写入程序，或者在"在线"选项中单击 ![] PLC写入(W)... 写入程序。注意，如果之前有仿真程序，则必须把仿真退出后才可以把程序写入PLC中，或者写入对象为仿真PLC。

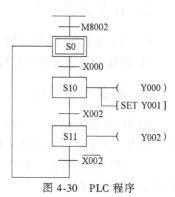

图4-30 PLC程序

5）电路的通电调试。首先接通系统电源开关 QF，然后通过计算机上的 MELSOFT 系列 GX Works2 软件中的  监视模式监控运行情况，再观察系统运行情况并做好记录。如出现故障，应立即切断电源，分析原因，检查电路或程序。排除故障后，方可进行重新调试，直到调试成功为止。

6）任务评价见表 4-4。

表 4-4　任务评价

评估内容	评估标准	配分	得分
I/O 分配	合理分配 I/O 端子	10	
外部接线与布线	按照接线图，正确、规范接线	30	
梯形图设计	正确编写 PLC 程序	30	
程序检查与运行	下载、运行、监控正确的程序	10	
理解、总结能力	能正确理解实训任务，善于总结实训经验	10	
语言表达能力	清楚地表达实训操作步骤并合理解释实训现象	10	

任务 4.3　PLC 控制带式输送机

本任务是利用带式输送机向大型面粉加工机料斗送大米、小麦、玉米。控制要求如下：按下起动按钮 SB1，大米供料斗出料口打开，此时若按下 SB2，小麦出料口打开，若按下 SB3，玉米出料口打开。带式输送机如图 4-31 所示。

一、任务目标

1）进一步熟练使用状态继电器与顺控步进指令。

2）掌握选择序列的状态转移图的画法。

3）使用 PLC 实现对带式输送机的控制。

图 4-31　带式输送机

二、任务要求

1）完成带式输送机控制系统输入/输出端的接线。

2）完成带式输送机控制系统 PLC 程序的编写。

三、相关知识介绍

在顺序控制中经常需要按不同的条件转向不同的分支，或者在同一条件下转向多路分支。当然，还可能需要跳过某些操作或重复某种操作。也就是说，在控制过程中可能具有两个以上的顺序动作过程，其状态转移图也具有两个以上的状态转移分支，这样的 SFC 图称为多流程顺序控制。

从多个分支流程中根据条件选择某一分支，状态转移到该分支执行，其他分支的转移条件不能同时满足，即每次只满足一个分支转移条件，称为选择性分支。

如果某一步的后面有 N 条选择序列的分支，则该步的 STL 触点开始的电路中应有 N 条分别指明各转换条件和转换目标的并联电路。图 4-32a 中，步 S10 之后的这三条支路有三个转换条件 X001、X002 和 X003，可能进入步 S11、步 S21 和步 S31，所以在步 S10 的 STL 触点开始的电路块中，有三条由 X001、X002 和 X003 作为转换条件的并联电路。STL 触点具有与主控指令（MC）相同的特点，即 LD 点移到了 STL 触点的右端，对于选择序列相应的电路设计，是很方便的。用 STL 指令设计复杂系统梯形图时更能体现其优越性。

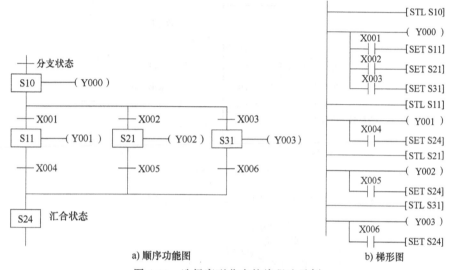

a) 顺序功能图   b) 梯形图

图 4-32   选择序列分支的编程法示例

选择序列合并的编程方法：如图 4-32 所示，步 S24 之前有一个由三条支路组成的选择序列的合并。当活动步为 S11 时，转换条件 X004 得到满足；当步 S21 为活动步时，转换条件 X005 得到满足；当步 S31 为活动步时，转换条件 X006 得到满足。这些都将使步 S24 变为活动步，同时将步 S11、S21 和步 S31 变为不活动步。

在图 4-32 中，由 S11、S21 和 S31 的 STL 触点驱动的电路块中均有转换目标 S24，对它们的后续步 S24 的置位是用 SET 指令来实现的，对相应的前级步的复位是由系统程序自动完成的。

注意：在分支、合并的处理程序中，不能使用 MPS、MRD、MPP、ANB、ORB 指令。

选择序列的特点如下：

① 选择分支流程的各分支状态的转移由各自条件选择执行，不能进行两个或两个以上的分支状态同时转移。

② 选择分支流程在分支时是先分支后条件。

③ 选择分支流程在汇合时是先条件后汇合。

④ FX 系列的分支电路，可允许最多 8 列，每列允许最多 250 个状态。

四、任务步骤

1）I/O 分配见表 4-5。

表 4-5   I/O 分配

输入		输出	
物料到位信号	X000	大米出料阀	Y000
大米	X001	小麦出料阀	Y001
小麦	X002	玉米出料阀	Y002
玉米	X003	运输机	Y003

2）接线图如图 4-33 所示。

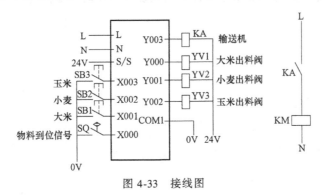

图 4-33   接线图

3）程序流程与 SFC 工程程序图分别如图 4-34 和图 4-35 所示。

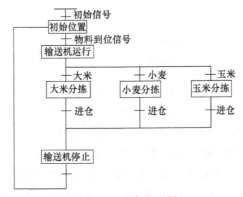

图 4-34   程序流程图

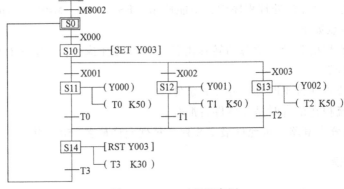

图 4-35   SFC 工程程序图

4）PLC 梯形图程序如图 4-36 所示。

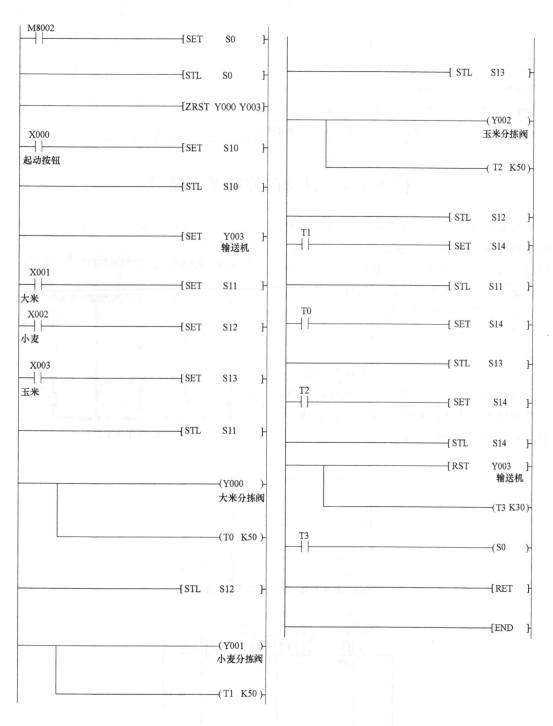

图 4-36　PLC 梯形图程序

5）任务评价见表 4-6。

表4-6　任务评价

评估内容	评估标准	配分	得分
I/O 分配	合理分配 I/O 端子	10	
外部接线与布线	按照接线图,正确、规范接线	30	
梯形图设计	正确编写 PLC 程序	30	
程序检查与运行	下载、运行、监控正确的程序	10	
理解、总结能力	能正确理解实训任务,善于总结实训经验	10	
语言表达能力	清楚地表达实训操作步骤并合理解释实训现象	10	

任务4.4　自动门控制系统设计

目前许多公共场所都采用了自动门,图4-37 所示就是一种常见的玻璃自动平移门。以前的自动门采用继电器控制系统,易受环境的影响,故障频繁,加之元器件较多且复杂,不易维修。随着 PLC 的广泛应用,利用继电器控制系统控制的自动门装置,由 PLC 控制系统所取代。

本任务的主要内容是以图 4-38 所示的玻璃自动平移门为例,运用 PLC 的顺序控制选择序列结构的状态流程图编程方法,完成对玻璃自动平移门的电气控制。

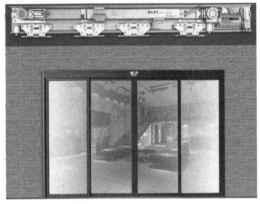

图 4-37　玻璃自动平移门

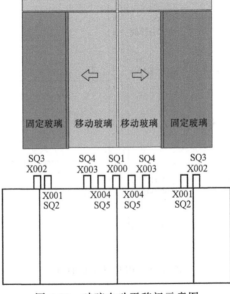

图 4-38　玻璃自动平移门示意图

对玻璃自动平移门有以下控制要求：

① 当有人靠近自动平移门时，红外感应器 SQ1 接收到的信号为 ON，电动机高速开门。

② 在高速开门的过程中，当碰到开门减速开关 SQ2 时，Y001 驱动电动机转为低速开门。

③ 当碰到开门极限开关 SQ3 时，驱动电动机停止转动，完成开门控制。

④ 在自动门打开后，若在 0.5s 内红外感应器 SQ1 检测到无人，Y002 驱动电动机高速关门。注意，此时的关门速度与开门速度刚好相反。

⑤ 在平移门高速关门过程中，当碰到关门减速开关 SQ4 时，Y003 驱动电动机低速关门。注意，此时的关门速度与开门速度刚好相反。

⑥ 当碰到开门极限开关 SQ5 时，驱动电动机停止转动，完成关门控制，回到初始状态。

⑦ 在关门期间，若红外感应器 SQ1 检测到有人，玻璃自动平移门会自动停止关门，并且会在 0.5s 后自动转换成高速开门，进入下一次工作过程。

一、任务目标

1）进一步熟练使用状态继电器与顺控步进指令。

2）掌握选择序列的状态转移图的画法。

3）使用 PLC 实现对自动平移门的控制。

二、任务要求

1）完成自动平移门控制系统输入/输出端的接线。

2）完成自动平移门控制系统 PLC 程序的编写。

三、相关知识介绍

此任务的难点在于如何实现多种形式的停止。在步进顺控系统中，停止的处理比较复杂，一般可分为普通停止和紧急停止两种。

1）普通停止：指在执行完当前运行周期后停止。

图 4-39a 所示为两盏灯交替点亮控制的 SFC 图。控制系统使用一个开关（X000）控制起/停。当 X000 为 ON 时，系统运行；当 X000 为 OFF 时，系统则在执行完当前周期后停止运行，X000 在这里实现了普通停止。若系统使用一个起动按钮（X000）和停止按钮（X001），则对应的 SFC 图如图 4-39b 所示。PLC 通电时，初始状态 S0 处于激活状态，起动时，按下起动按钮，M10 为 ON，状态 S10 激活。当 T0 延时时间至激活，S10 变为非激活状态；当 T1 延时时间到时，T1 常开触点 ON，S0 激活，S11 变为非激活状态。由于没有按下停止按钮，X001 为 OFF，故 M10 为 ON，其常开触点闭合，转换正常进行，系统处于运行状态。若某个时刻 X001 变为 ON，故 M10 为 OFF，则转换条件不能成立，系统不能正常转换，在执行完当前周期后停止，为普通停止。

2）紧急停止：指立即结束当前系统的运行，所有状态复位。紧急停止一般使用保持型输入器件，如开关、带保持功能的按钮等，并且一般使用常闭触点。在上述例子中，添加一个紧急停止按钮（常闭触点带保持功能）接在输入 X002 上，使用常闭触点，其 SFC 图如图 4-40 所示。当 X002 为 OFF 时，状态都复位，实现了紧急停止。

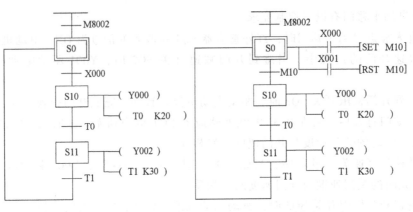

a) 普通停止SFC图1　　　　　　　　　b) 普通停止SFC图2

图 4-39　普通停止的处理

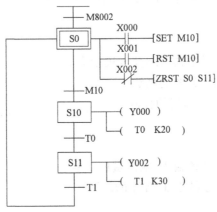

图 4-40　紧急停止的处理

上面 SFC 图中使用到 ZRST。ZRST 是区间复位指令，将指定的元件号范围内的同类元件成批复位，目标操作数可取 T、C 和 D（字元件）或 Y、M、S（位元件）。ZRST 区间复位指令的格式如下：

ZRST D1 D2

［D1］和［D2］指定的应为同一类元件，［D1］的元件号应小于［D2］的元件号。如果［D1］的元件号大于［D2］的元件号，则只有［D1］指定的元件被复位。

虽然 ZRST 指令是 16 位处理指令，但［D1］、［D2］也可以指定 32 位计数器，如图 4-41 所示。

图 4-41　ZRST 指令的应用

四、任务步骤

1）I/O 分配见表 4-7。

表 4-7　I/O 分配

	输入			输出	
SQ1	红外感应器	X000	KA1	高速开门	Y000
SQ2	开门减速开关	X001	KA2	低速开门	Y001
SQ3	开门极限开关	X002	KA3	高速关门	Y002
SQ4	关门减速开关	X003	KA4	低速关门	Y003
SQ5	关门极限开关	X004			

2）接线图如图 4-42 所示。

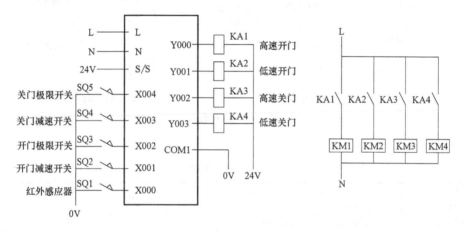

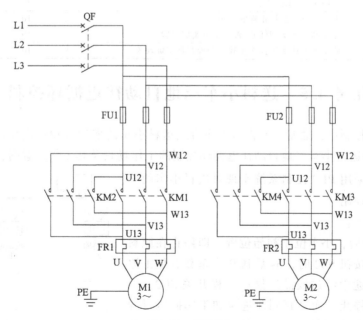

图 4-42　接线图

3）PLC 程序如图 4-43 所示。

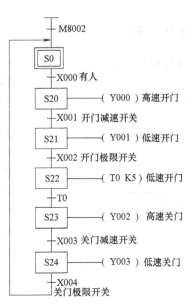

a) 自动门完整顺序功能图　　　　b) 正常关门顺序功能图

图 4-43　PLC 程序

4）任务评价见表 4-8。

表 4-8　任务评价

评估内容	评估标准	配分	得分
I/O 分配	合理分配 I/O 端子	10	
外部接线与布线	按照接线图,正确、规范布线	30	
梯形图设计	正确编写 PLC 程序	30	
程序检查与运行	下载、运行、监控正确的程序	10	
理解、总结能力	能正确理解实训任务,善于总结实训经验	10	
语言表达能力	清楚地表达实训操作步骤并合理解释实训现象	10	

任务 4.5　送料小车三地自动往返循环控制

在实际生产控制中,通常会有设备工作台或运料小车的多地自动往返循环控制的情况。图 4-44 就是一辆运料小车三地自动往返循环控制的工作场景及其工作示意图,通过利用步进顺控设计法,采用 PLC 控制系统实现对送料小车的三地自动往返循环控制。

控制要求如下:

① 启动系统后,小车位于初始位置,即停止在原料库。当按下起动按钮 SB2 时,5s 后送料小车载着加工原料前往加工库,途中经过成品库撞压行程开关 SQ2,但送料小车并没有停止,而是直到前进至加工库撞压行程开关 SQ3 后,送料小车停止,自动卸料并装上成品,5s 后送料小车返回。

② 当送料小车返回到成品库时,撞压到行程开关

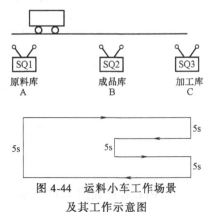

图 4-44　运料小车工作场景及其工作示意图

SQ2，小车停止 5s 后，将产品卸下；然后空车返回加工库，到达加工库撞压行程开关 SQ3 后，送料小车停止，将废品装车，后装上废品的送料小车返回原料库；在返回途中经过成品库时，撞压行程开关 SQ2，但小车没有停止，直到到达原料库撞压行程开关 SQ1 后，送料小车停止，自动卸下废品并装原料，5s 后送料小车继续下一个循环进行送料……如此自动循环下去。

③ 如需小车停止，只要按下停止按钮 SB1 即可。

一、任务目标

1）进一步熟练使用状态继电器与顺控步进指令。
2）掌握步进逻辑的编程方法。
3）使用 PLC 实现对三地自动往返循环的控制。

二、任务要求

1）完成三地自动往返循环控制系统输入/输出端的接线。
2）完成三地自动往返循环控制系统 PLC 程序的编写。

三、任务步骤

1）I/O 分配见表 4-9。

表 4-9　I/O 分配

	输入			输出	
SB1	停止按钮	X000	KA1	正转输出	Y000
SB2	正转按钮	X001	KA2	反转输出	Y001
SB3	反转按钮	X002			
SQ1	原料库限位开关（A 点）	X003			
SQ2	成品库限位开关（B 点）	X004			
SQ3	加工库限位开关（C 点）	X005			

2）接线图如图 4-45 所示。

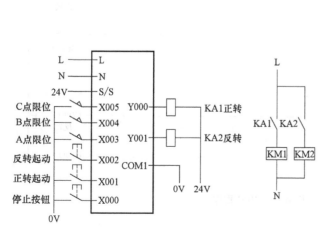
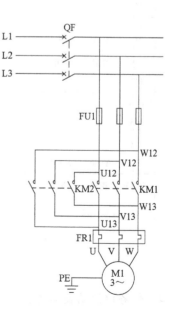

图 4-45　接线图

3）PLC 程序如图 4-46 所示。

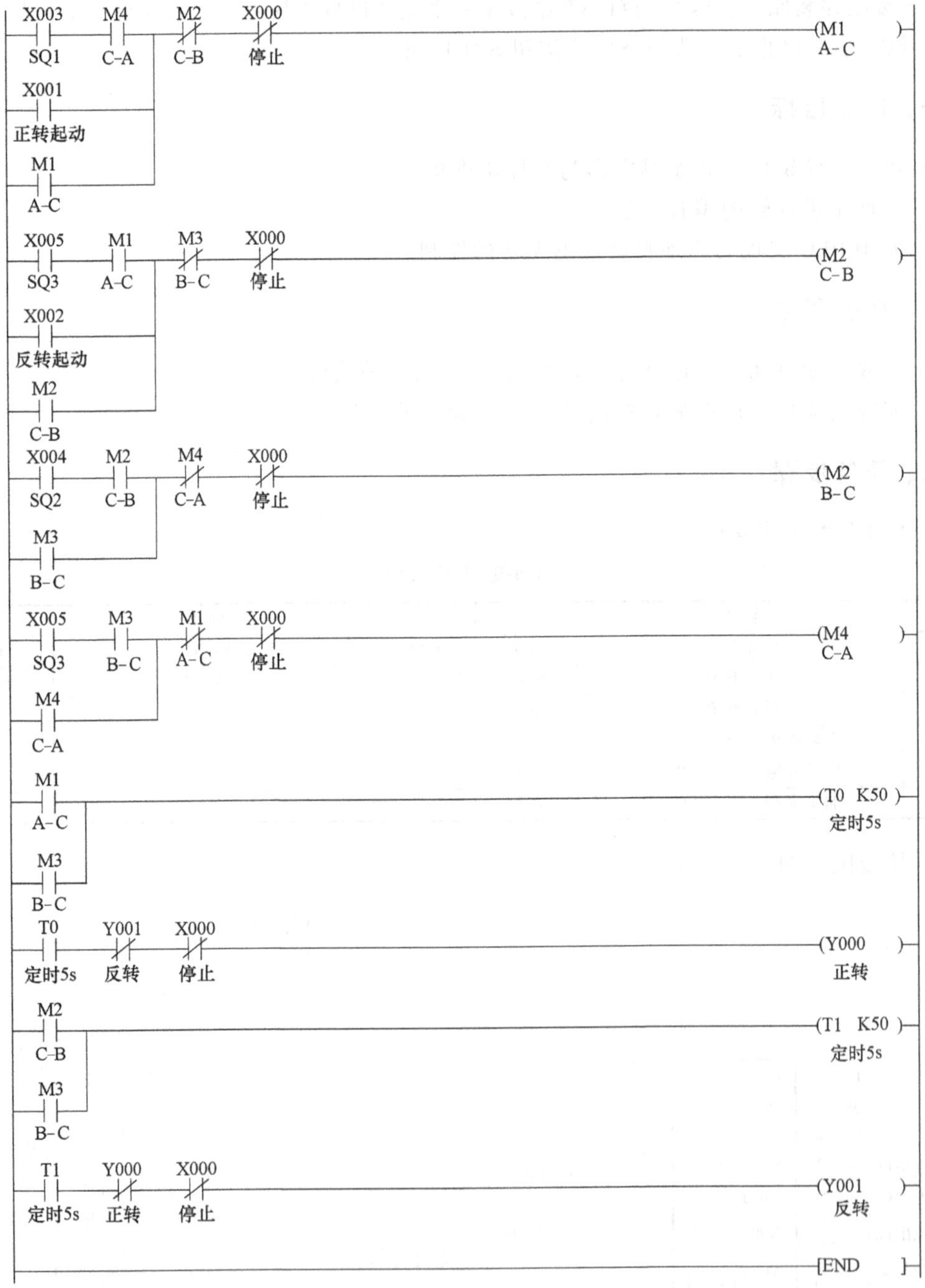

图 4-46　PLC 程序

4）任务评价见表 4-10。

表 4-10　任务评价

评估内容	评估标准	配分	得分
I/O 分配	合理分配 I/O 端子	10	
外部接线与布线	按照接线图,正确、规范接线	30	
梯形图设计	正确编写 PLC 程序	30	
程序检查与运行	下载、运行、监控正确的程序	10	
理解、总结能力	能正确理解实训任务,善于总结实训经验	10	
语言表达能力	清楚地表达实训操作步骤并合理解释实训现象	10	

任务 4.6　PLC 控制十字路口交通灯

随着国民经济的快速发展,交通也越来越便利。而便利有序的交通离不开交通灯,尤其是十字路口的红绿灯。图 4-47 所示为某地十字路口的交通灯场景。

某城市十字路口的东西方向车流量较大,南北方向车流量较小。为了合理地进行车流疏导,十字路口东西方向通行时长为 35s,南北方向通行时长为 20s。

具体控制要求如下:

按下起动按钮,南北方向绿灯亮 20s 后闪烁 3 次（1s 闪烁 1 次）再熄灭,南北方向黄灯亮 2s 后熄灭,在此

图 4-47　某地十字路口的交通灯场景

期间东西方向红灯亮 25s;转换成南北方向红灯亮 40s,同时东西方向绿灯亮 35s 后闪烁 3 次（1s 闪烁 1 次）再熄灭,东西方向黄灯亮 2s 熄灭。依次循环。

一、任务目标

1) 进一步熟练使用状态继电器与顺控步进指令。
2) 掌握并行序列流程步进指令的用法。
3) 实现十字路口红绿灯的控制。

二、任务要求

1) 完成十字路口红绿灯控制系统输入/输出端的接线。
2) 完成十字路口红绿灯控制系统 PLC 程序的编写。

三、相关知识介绍

1. 并行序列结构形式的顺序功能图

顺序控制系统进行到某一步,若该步后面有多个分支,而当该步结束后,若转移条件满足,则同时开始所有分支的顺序动作;若全部分支的顺序动作同时结束后,汇合到同一状

态，这种顺序控制过程的结构就是并行序列结构。

并行序列也有开始和结束之分。并行序列的开始称为分支，并行序列的结束称为合并。图 4-48 所示为并行序列的分支，它是指当转换实现后将同时使多个后续步激活，每个序列中活动步的进展是独立的。为了区别于选择序列顺序功能图，强调多个变换步的同步实现，水平线用双线表示，转换条件放在水平线双线之上。如果 S10 为活动步，条件 X000 成立，则 S11、S12、S13 三步同时变成活动步，而 S10 变为不活动步。步 S11、S21、S31 被激活后，每一分支序列接下来的转换将是独立的。

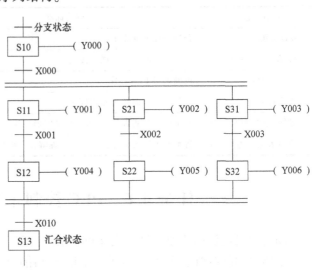

图 4-48 并行序列结构

并行序列的合并。用双线表示并行序列的合并，转换条件放在双线之下。当直接连在双线上的所有前面步 S12、S22、S32 都为活动步，步 S12、S22、S32 的顺序动作全部执行完成，且转换条件 X010 成立时，才能使转换实现，即步 S13 变为活动步，而步 S12、S22、S32 转变为不活动步。

2. 并行序列分支的编程方法与基本原则

在并行序列中，编程规则与前面介绍的选择序列编程的原则基本一样，也是先进行状态转换处理，然后输出动作。在状态转换处理中，先集中处理分支，然后处理各分支内部状态转换，最后集中处理合并，如图 4-49 所示。

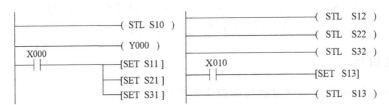

图 4-49 并行序列结构的编程方法

四、任务步骤

1）I/O 分配见表 4-11。

表 4-11 I/O 分配

输入			输出		
SB1	起动按钮	X000	HL1	东西绿灯	Y000
SB2	停止按钮	X001	HL2	东西黄灯	Y001
			HL3	东西红灯	Y002
			HL4	南北绿灯	Y003
			HL5	南北黄灯	Y004
			HL6	南北红灯	Y005

2）接线图如图 4-50 所示。

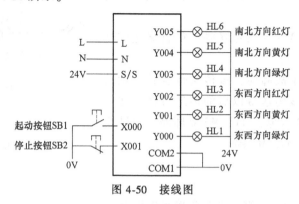

图 4-50　接线图

3）PLC 程序如图 4-51 所示。

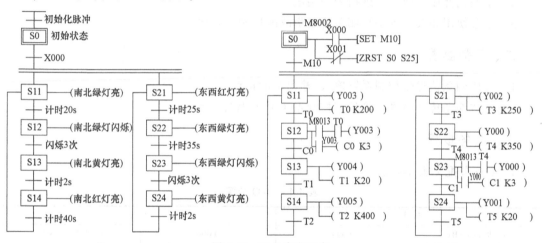

图 4-51　PLC 参考程序

4）任务评价见表 4-12。

表 4-12　任务评价

评估内容	评估标准	配分	得分
I/O 分配	合理分配 I/O 端子	10	
外部接线与布线	按照接线图，正确、规范布线	30	
梯形图设计	正确编写 PLC 程序	30	
程序检查与运行	下载、运行、监控正确的程序	10	
理解、总结能力	能正确理解实训任务，善于总结实训经验	10	
语言表达能力	清楚地表达实训操作步骤并合理解释实训现象	10	

任务 4.7　四条传送带故障控制项目

图 4-52 所示为四条传送带工作示意图。在实际生产过程中，常常会因为工作现场复杂而发生某传送带出现故障的现象，因此含有故障处理的传送带控制是十分必要的。

控制要求：

有一个用四条传送带组成的传送系统，分别用四台电动机带动。控制要求如下：

起动时先起动最末一条传送带，经过 5s 延时，再依次起动其他传送带。

停止时应先停止最前一条传送带，待料运送完毕后再依次停止其他传送带。

当某条传送带发生故障时，该传送带及其前面的传送带立即停止，而该传送带以后的传送带在运送完成后才停止。例如 M2 故障，M1、M2 立即停，经过 5s 延时后，M3 停，再过 5s，M4 停。

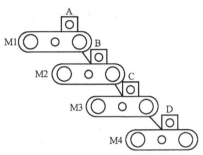

图 4-52 四条传送带工作示意图

一、任务目标

1）进一步熟练使用状态继电器与顺控步进指令。

2）掌握选择序列流程步进指令的用法。

3）学会使用相关指令编写四条传送带故障控制的程序。

二、任务要求

1）完成四条传送带控制系统输入/输出端的接线。

2）完成四条传送带含故障处理控制系统 PLC 程序的编写。

三、任务步骤

1）I/O 分配见表 4-13。

表 4-13   I/O 分配

输入		输出	
起动按钮 SB1	X000	Y000	电动机 1 KA1
停止按钮 SB2	X001	Y001	电动机 2 KA2
传送带 1 故障	X002	Y002	电动机 3 KA3
传送带 2 故障	X003	Y003	电动机 4 KA4
传送带 3 故障	X004		
传送带 4 故障	X005		

2）接线图如图 4-53 所示。

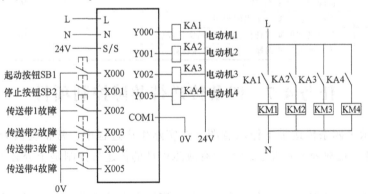

图 4-53   PLC 接线图

3）PLC 程序如图 4-54 和图 4-55 所示。

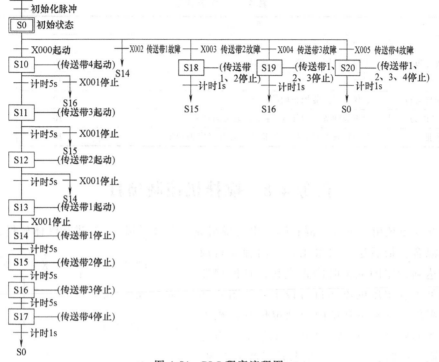

图 4-54　PLC 程序流程图

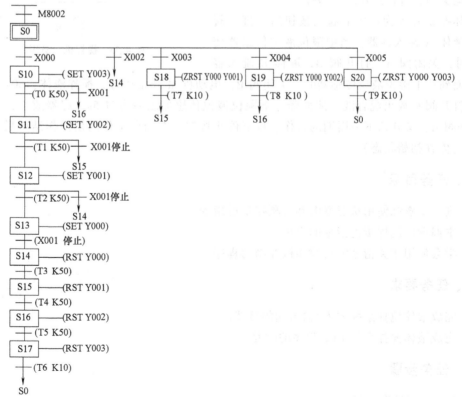

图 4-55　PLC SFC 程序图

4）任务评价见表 4-14。

表 4-14　任务评价

评估内容	评估标准	配分	得分
I/O 分配	合理分配 I/O 端子	10	
外部接线与布线	按照接线图,正确、规范接线	30	
梯形图设计	正确编写 PLC 程序	30	
程序检查与运行	下载、运行、监控正确的程序	10	
理解、总结能力	能正确理解实训任务,善于总结实训经验	10	
语言表达能力	清楚地表达实训操作步骤并合理解释实训现象	10	

任务 4.8　搅拌机控制项目

液体搅拌系统由原料罐、混料罐、出料罐组成。先打开阀 A、B 进行液体放料,然后在混料罐内混合,最后送出料罐出料。两种原料液体进料时达到设定的液位时停止进料,且搅拌器搅拌时间可根据浓度的不同自行设定。如图 4-56 所示,上限位、下限位和中限位液位传感器被液体淹没时为 ON,电磁阀 A、B 和 C 的线圈通电时打开,线圈断电时关闭。初始状态时容器是空的,各阀门均关闭,各传感器均为 OFF。

具体控制要求为:按下起动按钮后,打开阀门 A,液体 A 流入容器;当中限位液位传感器变为 ON 时,关闭阀 A,打开阀 B,液体 B 流入容

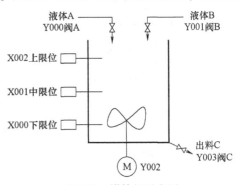

图 4-56　搅拌机示意图

器;液面到达上限位液位传感器时,关闭阀 B,电动机 M 开始运行,搅拌液体;60s 后停止搅拌,打开阀 C 放出混合液;液面降至下限位液位传感器之后再过 5s,容器放空,关闭阀 C,打开阀 A,又开始下一周期的操作;按下停止按钮,在当前工作周期操作结束后,才停止操作(停在初始状态)。

一、任务目标

1）进一步熟练使用状态继电器与顺控步进指令。

2）掌握顺序流程步进指令的用法。

3）学会使用相关指令编写搅拌机控制的程序。

二、任务要求

1）完成液体搅拌系统输入/输出端的接线。

2）完成液体搅拌系统 PLC 程序的编写。

三、任务步骤

1）I/O 分配见表 4-15。

表 4-15 I/O 分配

输入		输出	
下限位 SQ1	X000	Y000	液体 A 阀 YV1
中限位 SQ2	X001	Y001	液体 B 阀 YV2
上限位 SQ3	X002	Y002	搅拌电动机 KA1
起动按钮 SB1	X003	Y003	出料 C 阀 YV3
停止按钮 SB2	X004		

2）接线图如图 4-57 所示。

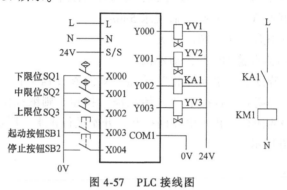

图 4-57 PLC 接线图

3）PLC 程序如图 4-58 和图 4-59 所示。

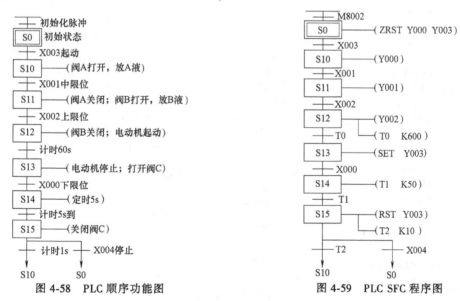

图 4-58 PLC 顺序功能图 　　　　图 4-59 PLC SFC 程序图

4）任务评价见表 4-16。

表 4-16 任务评价

评估内容	评估标准	配分	得分
I/O 分配	合理分配 I/O 端子	10	
外部接线与布线	按照接线图，正确、规范接线	30	
梯形图设计	正确编写 PLC 程序	30	
程序检查与运行	下载、运行、监控正确的程序	10	
理解、总结能力	能正确理解实训任务,善于总结实训经验	10	
语言表达能力	清楚地表达实训操作步骤并合理解释实训现象	10	

四、任务拓展

要求自动洗衣机能实现"自动运行"和"手动运行"两种控制方式。其中，自动运行具体控制要求如下：

① 按下"开始洗涤"按钮，开始进水，达到洗涤水位后，停止进水。

② 进水停止 2s 后开始洗衣。

③ 洗衣时，正转 5s，停 2s，然后反转 5s，停 2s，依此循环。

④ 洗衣 15min 后开始排水，水排空后脱水 5min。

⑤ 再进水，重复上述①~④，循环 2 次。

⑥ 洗衣完成后蜂鸣器报警 10s 并自动停机。

当进水或洗衣时，若按下"手动停止"按钮，则洗衣过程中止，即电动机停转，进水电磁阀和排水电磁阀全部闭合；若按下"开始洗涤"按钮，则继续洗衣；若按下"手动脱水"按钮，则进水电磁阀闭合，排水电磁阀打开，开始进行排水、脱水，最后停机。

顺序流程如图 4-60 所示。

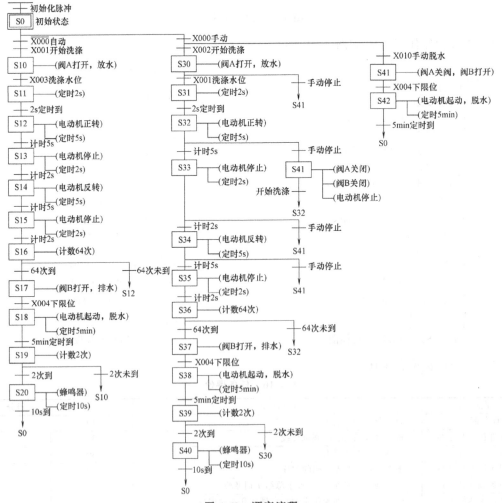

图 4-60　顺序流程

项目练习题

填空题

（1）选择性分支状态转移图有_____以上分支。

（2）状态转移图中的状态有_____、_____、_____三个要素。

（3）汇合状态的编程方法：先进行_____前所有状态的驱动处理，再依次向汇合状态_____。

（4）在并行分支状态下，共用的_____成立时，同时向所有分支流程转移，执行所有分支的顺序动作。

项目5 复杂功能控制系统设计

任务 5.1 常用功能指令及应用

子任务 5.1.1 程序流程指令控制手/自动程序

现有一台设备有手动和自动两种操作模式，由 SB3 选择开关控制，SB3 断开时为手动操作，接通时为自动操作。手动操作时按下 SB1 按钮，电动机运行，按下 SB2 按钮，电动机停止；自动操作时按下 SB1 按钮，电动机运行，1min 后自动停止。

一、任务目标

1）熟悉控制流程的功能指令的用法。
2）使用功能指令实现对设备手/自动的控制。

二、任务要求

1）完成手/自动控制系统输入/输出端的接线。
2）完成手/自动控制系统 PLC 程序的编写。

三、相关知识介绍

1. 功能指令的表示格式

FX 系列 PLC 采用梯形图和计算机通用的助记符形式来表示功能指令，一般用指令的英文名称或缩写作为助记符。图 5-1 所示为功能指令的梯形图格式。

图 5-1 中，助记符指令 BMOV 用来表示数据块传送指令。该指令的功能是：当 X000 的常开触点接通时，将以 D10 开头的 3 点（n=3）数据寄存器（D10～D12）中的数据传送到以 D20 开头的 3 点数据寄存器（D20～D22）中去。

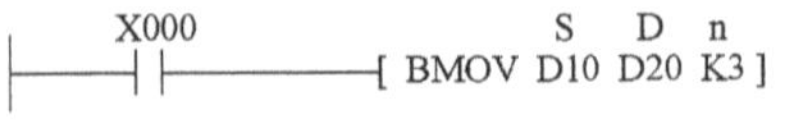

```
          X000                      S   D   n
 ─────────┤ ├─────────────[ BMOV D10 D20 K3 ]
```

图 5-1 功能指令的梯形图格式

图 5-1 中的 [S] 表示源操作数，即执行指令后其内容不改变的操作数；[D] 表示目标操作数，即执行指令后其内容改变的操作数。当源操作数或目标操作数可以使用变址寄存器修改软元件地址号时，用 [S] 或 [D] 表示。源操作数或目标操作数不止一个时，以 [S1]、[S2]、[D1]、[D2] 等表示。

n 或 m 表示其他操作数，或源操作数和目标操作数的补充说明，它们只能用常数 K 或 H 来指定。需注释的项目较多时，可以采用 n1、n2、m1、m2 等表示。有的功能指令没有操作数，大多数应用指令有1~4个操作数。功能指令的指令助记符一般占一个程序步，每一个16位操作数和32位操作数分别占2个和4个程序步。

2. 功能指令的执行方式与数据长度

根据处理数据的大小，FX系列可编程序控制器应用指令可分为16位指令与32位指令。此外，根据各自的执行形式，这些指令具有“连续执行型”与“脉冲执行型”等特点。应用指令可将这些指令形式组合使用或单独使用。

（1）16位指令与32位指令　在数据处理应用指令中，根据数据的位长分为16位指令与32位指令。

指令前没有“D”时表示处理16位数据。图5-2a中数据传送指令MOV是向D12传送D10的16位内容的指令。

在助记符MOV之前加“D”表示处理32位数据，这时只需指定低字节数据寄存器，相邻的两个数据寄存器自动组成数据寄存器对，图5-2b所示指令是将D21、D20中的数据（D20中为低16，D21中为高16位）传送到D23、D22中去（D22中为低16位，D23中为高16位）。

处理32位数据时，为了避免出现错误，建议使用首地址为偶数的操作数。32位计数器（C200~C255）的字元件为32位，不能作为16位指令的操作数使用。

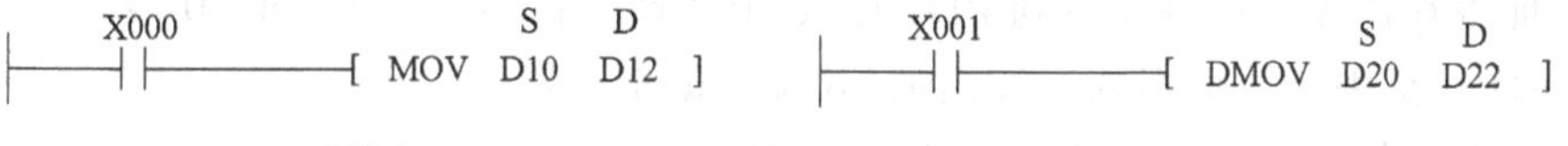

a) 16位指令　　b) 32位指令

图5-2　功能指令的数据长度

（2）连续执行型/脉冲执行型指令　在图5-3a中，X000接通时，在每一扫描周期指令都要被执行，称为连续执行型指令。在图5-3b中，MOV后面加“P”表示脉冲执行型指令，即仅在X001由OFF→ON状态变化时执行一次，而不是多次。

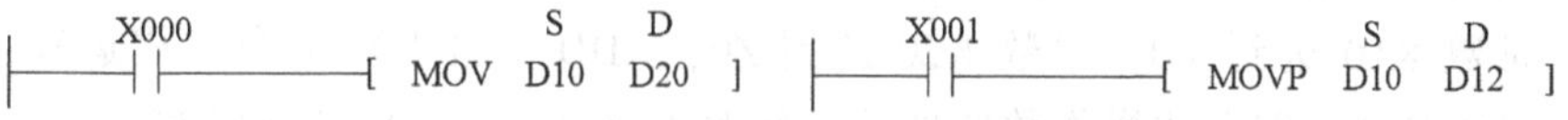

a) 连续执行型指令　　b) 脉冲执行型指令

图5-3　功能指令的执行形式

INC（加1）、DEC（减1）和XCH（数据交换）等指令一般应使用脉冲执行方式。如果不需要每个周期都执行指令，则使用脉冲方式可以减少执行指令的时间、加快处理速度，建议尽量采用脉冲执行型指令。

符号“P”和“D”可同时使用，例如“D＊＊＊P”，其中的“＊＊＊”表示功能指令的助记符。在功能指令一览表中可以查到各条指令是否可以处理32位数据和使用脉冲执行功能。

3. 功能指令的数据格式

（1）位元件与字元件

1）位元件。位元件用来表示开关量的状态，如常开触点的通/断，线圈的通电/断电，这两种状态分别用二进制数1和0来表示，或称为该位元件处于ON或OFF状态。X、Y、M和S为位元件。

2）位元件的组合。位元件可组合成字元件用于数据处理。FX 系列 PLC 用组数 Kn 加位元件首地址号的形式表示位元件的组合，如 KnX、KnY、KnM、KnS。每组由 4 个连续的位元件组成，Kn 为组数（n＝1～8）。例如 K2M0 表示由 M0～M7 组成的两个位元件组，M0 为数据的最低位（首位）。16 位操作数时 n＝1～4，n＜4 时高位为 0；32 位操作数时 n＝1～8，n＜8 时高位为 0。如图 5-4 所示，若向 K2M0 传送 16 位数据，因为 n＝2＜4，则不向数据长度不足的高 8 位传送。在 16 位（或 32 位）运算中，长度不足的高位均作 0，因此，只能作为正数处理。

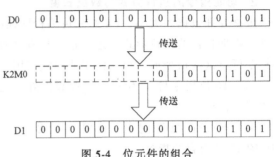

图 5-4　位元件的组合

建议在使用 X、Y 组合位元件时，首地址的最低位为 0，如 X000、X010、Y020 等。

3）字元件。一个字由 16 个二进制位组成，字元件用来处理数据，例如定时器 T 和计数器 C 的设定值寄存器、当前值寄存器，以及数据寄存器 D、变址寄存器 V 和 Z 等都是字元件。

4）变址寄存器 V、Z。FX 系列 PLC 有 16 个变址寄存器 V0～V7 和 Z0～Z7，与一般的数据寄存器一样，是进行数据写入、读出的 16 位数据寄存器。

对于 32 位指令，V 为高 16 位，Z 为低 16 位。32 位指令中 V、Z 自动组对使用，这时只需指定 Z，Z 就能代表 V 和 Z 的组合，如指定 Z0，则（V0、Z0）自动组对。同样（V1、Z1），…，（V7、Z7）也可分别自动组对。如图 5-5 所示，根据 V0、Z0 的内容，改变软元件的地址号，称为软元件的修改（即变址）。图中的各触

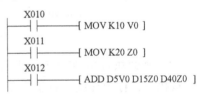

图 5-5　变址寄存器的使用

点接通时，常数 K10 送到 V0，常数 K20 送到 Z0，ADD（加法）指令完成运算（D5V0）+（D15Z0）→（D40Z0），即上述操作数的地址号修改为（D15）+（D35）→（D60）。

在功能指令中，变址寄存器用来修改操作对象的元件号，在循环程序中常使用变址寄存器。如果用变址寄存器 V、Z 修改可用软元件的地址号，应用程序则可以改变可用软元件的地址号。在指令使用次数有限制的指令上应用，其效果与指令多次编程一样。利用变址功能，可使编程简化。

利用变址寄存器可修改的软元件有 X、Y、M、S、P、T、C、D、K、H、KnX、KnY、KnM 和 KnS，但是不能修改 V、Z 本身或位指定用的 Kn。

（2）数据格式

1）整数。在 PLC 中，整数的表示及运算采用二进制 BIN 码格式，可以用 16 位或 32 位元件来表示整数，其中最高位为符号位。负数以补码方式表示。整数可表示的范围：16 位时为 -32768～+32767，32 位时为 -2147483648～+2147483647。除表示范围受限制外，作科学运算时产生的误差也较大，所以需要引入实数。

2）BCD 码。在一些数字系统，如计算机和数字仪器中，往往采用二进制码表示十进制数。通常，把用一组 4 位二进制码来表示 1 位十进制数的编码方法称为 BCD 码。

4 位二进制码共有 16 种组合，可以从中取 10 种组合来表示 0~9 这 10 个数。根据不同的选取方法，可以编制出很多种 BCD 码，其中 8421BCD 码最为常用。十进制数与 8421BCD 码的对应关系见表 5-1。

表 5-1　十进制数与 8421BCD 码对应关系

十进制数	0	1	2	3	4	5	6	7	8	9
8421 码	0000	0001	0010	0011	0100	0101	0110	0111	1000	1001

比如：十进制数 7256 转化成 8421 码为 0111 0010 0101 0110。

3）数值规定。对于 16 位或 32 位的整数，规定最高位为符号位。最高位为 0 表示正数，最高位为 1 表示负数。图 5-6 所示为 D0 的 16 位数据，最高位 b15 为 0，所以 D0 为一个正数。其值为：$1 \times 2^0 + 0 \times 2^1 + 1 \times 2^2 + 0 \times 2^3 + \cdots + 0 \times 2^{13} + 1 \times 2^{14} + 0 \times 2^{15}$。

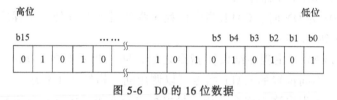

图 5-6　D0 的 16 位数据

4. 常用功能指令（程序流控制指令）及应用

（1）条件跳转指令　条件跳转指令 CJ 的操作数为 P，指针 P 用于分支和跳转程序。在梯形图中，指针放在左侧母线的左边。FX3U 系列 PLC 有 4096 点指针（P0~P4095）。

条件跳转指令 CJ 用于跳过顺序程序中的某一部分，以控制程序的流程。当图 5-7 中的 X000 为 ON 时，程序跳到指针 P5 处，跳转时不执行被跳过的那部分程序。如果 X000 为 OFF，不执行跳转，程序按原顺序执行。多条跳转指令可以使用相同的指针。

图 5-7　CJ 指令的应用

指针可以出现在相应跳转指令之前，但是如果反复跳转的时间超过监控定时器的设定时间，则会引起监控定时器出错。

一个指针只能出现一次，如出现两次或两次以上，则会出错。如果用 M8000 的常开触点驱动 CJ 指令，相当于无条件跳转指令，因为运行时特殊辅助继电器 M8000 总是为 ON。P63 是 END 所在的步序，在程序中不需要设置 P63。

设 Y、M、S 被 OUT、SET、RST 指令驱动，跳转期间即使驱动 Y、M、S 的电路状态改变了，它们仍保持跳转前的状态。

例 5-1：如图 5-7 中的 X000 为 ON 时，Y011 的状态不会随 X010 发生变化，因为跳转期间根本没有执行这一段程序。定时器和计数器如果被 CJ 指令跳过，跳转期间它们的当前值将被冻结。如果在跳转开始时定时器和计数器正在工作，在跳转期间它们将停止定时和计数，在 CJ 指令的条件变为不满足后继续工作。程序定时器 T192~T199 与高速计数器 C235~C255 在驱动后跳转，其工作不受影响，输出触点也动作。如果应用指令 PLSY（脉冲输出）和 PWM（脉冲宽度调制）在刚被 CJ 指令跳过时正在执行，跳转期间将继续工作。

（2）子程序调用与子程序返回指令　子程序调用指令 CALL 的操作数为指针 P，可指定以下标号：P0~P62，P64~P127。指针标号可作变址修改。

子程序返回指令 SRET 无操作数。

图 5-8 中的 X001 为 ON 时，CALL 指令使程序跳到指针 P10 处，子程序被执行。执行完 SRET 指令后，返回到 04 步。

子程序应放在 FEND（主程序结束）指令之后，同一指针只能出现一次，CJ 指令中用过的指针不能再用，不同位置的 CALL 指令可以调用同一指针的子程序。

在子程序中调用子程序称为嵌套调用，最多可嵌套 5 级。图 5-9 中的 CALLP　P30 指令仅在 X011 由 OFF 变为 ON 时执行一次。在执行子程序 1 时，如果 X012 为 ON，CALL　P31 指令被执行，程序跳到 P31 处，嵌套执行子程序 2。执行第二条 SRET 指令后，返回子程序 1 中 CALL　P31 指令的下一条指令，执行第一条 SRET 指令后返回主程序中 CALL　P30 指令的下一条指令。

因为子程序是间歇使用的，在子程序中使用的定时器应在 T192~T199 和 T246~T249 中选择。

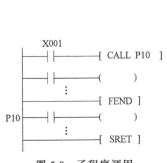

图 5-8　子程序调用

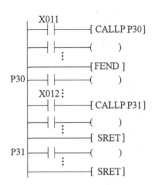

图 5-9　子程序的嵌套调用

例 5-2：使用调用子程序指令编写三台电动机每隔 10s 顺序起动的程序，如图 5-10 所示。

（3）中断指令　FX3U 系列 PLC 发生中断事件时，CPU 停止执行当前的工作，立即执行预先写好的中断程序。这一过程不受 PLC 扫描工作方式的影响，因此使 PLC 能迅速响应中断事件。

FX3U 系列 PLC 的中断事件包括输入中断、定时器中断和计数器中断。

FX3U 系列 PLC 有 6 点输入中断，中断指针如图 5-11 所示。最高位与 X000~X005 的元

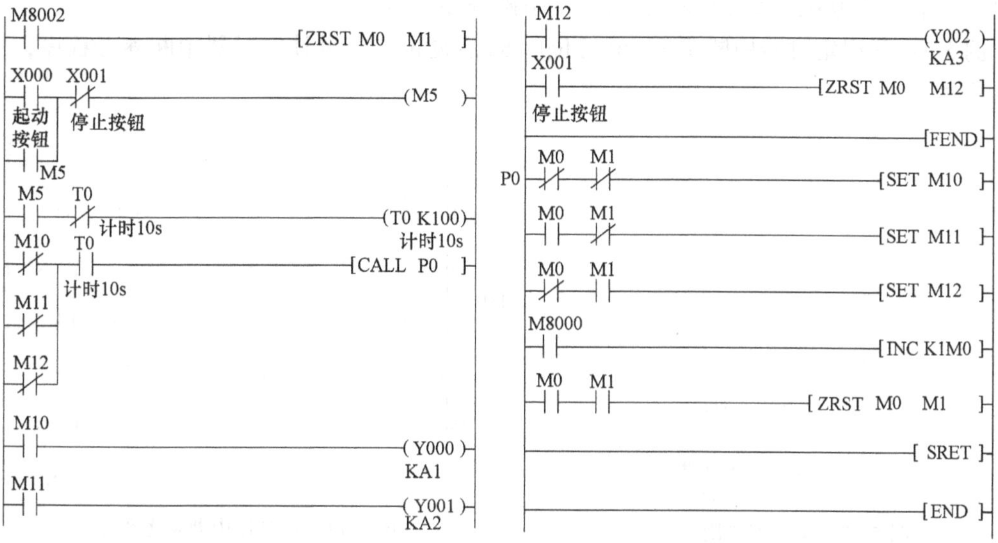

图 5-10 子程序调用示例

件号相对应；最低位为 0 时表示下降沿中断，最低位为 1 时表示为上升沿中断。例如，中断指针 I000 所指向的中断程序在 X000 的下降沿时执行。同一个输入中断源只能使用上升沿中断或下降沿中断，例如在程序中不能同时使用中断指针 I000 和 I001。另外，已经用于高速计数器的输入点不能再用于中断的输入点。

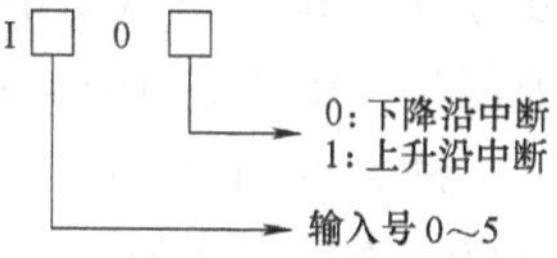

I □ 0 □
0：下降沿中断
1：上升沿中断
输入号 0~5

图 5-11 输入中断

例 5-3：按下按钮 SB（X000），在输出点 Y000 输出一个周期为 80ms 的脉冲信号。松开按钮 SB，脉冲输出停止，试设计中断指令示例程序，如图 5-12 所示。

在程序中，EI 中断后，X000 处于常闭状态，M8056 得电，停止定时器中断；只有当按下外部按钮 SB 时，X000 才断开，M8056 失电，I640 开始定时中断，以达到输出脉冲可控的目的；定时器中断定时时间为 40ms，即每 40ms 调用一次定时器中断程序；定时器中断子程序将输出 Y000 反转一次，即输出一个周期为 80ms 的对称脉冲；当外部按钮 SB 松开时，常闭触点 X000 闭合，M8056 得电，禁止定时器中断 6，无脉冲输出；输入 X000 得到的下降沿，同时执行中断 0（X000 下降沿时产生输入中断），使 Y000 输出为 0。

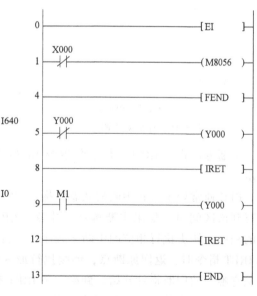

图 5-12 中断指令示例程序

FX3U 系列 PLC 有 3 点定时器中断，中断指针如图 5-13 所示。最高位表示定时器中断号（6~8），低两位表示以 ms 为单位的定时时间（范围是 10~99ms）。例如，I610 表示定时器中断，中断号为6，每隔10ms执行一次中断程序。

例5-4：利用定时器中断实现M0置位后5s后复位，试设计定时器中断参考程序，如图5-14所示。

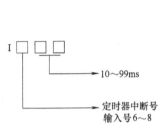

图5-13 定时器中断

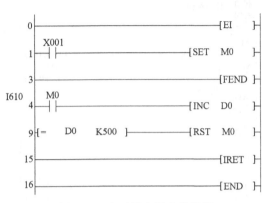

图5-14 定时器中断参考程序

FX3U系列PLC有6点计数器中断，中断指针如图5-15所示，中间一位表示计数器中断号（1~6）。计数器中断与高速计数器比较置位指令配合使用，根据高速计数器的计数当前值与计数设定值的关系来确定是否执行相应的中断程序。

例5-5：中断与高速计数比较指令综合应用，实现1000个脉冲时，执行中断程序，输出Y000，参考程序如图5-16所示。

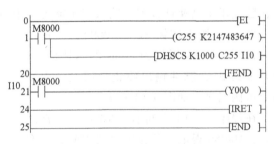

图5-16 定时中断与高速计数比较指令参考程序

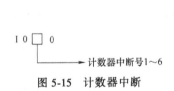

图5-15 计数器中断

中断返回指令IRET、开中断指令EI和关中断指令DI均无操作数，分别占用一个程序步。

PLC通常处于禁止中断的状态，指令EI和DI之间的程序段为允许中断的区间。当程序执行到该区间时，如果中断源产生中断，CPU将停止执行当前的程序，转去执行相应的中断子程序，执行到中断子程序中的IRET指令时，返回原断点，继续执行原来的程序。中断程序从它唯一的中断指针开始，到第一条IRET指令结束。

中断程序应放在FEND指令之后，IRET指令只能在中断程序中使用。特殊辅助继电器M805*为ON时（*=0~8），禁止执行相应的中断I*□□（□□是与中断有关的数字）。M8059为ON时，关闭所有的计数器中断，如图5-17所示。

如果有多个中断信号依次发出，则优先级以发生的先后为

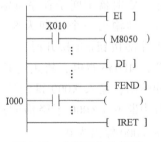

图5-17 中断指令的使用

序，发生越早的优先级越高。若同时发生多个中断信号，则中断指针号小的优先。

执行一个中断子程序时，其他中断被禁止，在中断子程序中写入 EI 和 DI 可实现双重中断，只允许两级中断嵌套。如果中断信号在禁止中断区间出现，则该中断信号被储存，并在 EI 指令之后响应该中断。不需要关闭中断时，只使用 EI 指令，可以不使用 DI 指令。

主程序结束指令 FEND 无操作数，占用一个程序步，表示主程序结束和子程序区的开始。执行到 FEND 指令时，PLC 进行输入输出处理、监控定时器刷新，完成后返回第 0 步。子程序（包括中断子程序）应放在 FEND 指令之后。CALL 指令调用的子程序必须用 SRET 指令结束，中断子程序必须以 IRET 指令结束。

若 FEND 指令在 CALL 指令执行之后和 SRET 指令执行之前出现，则程序出错。另一个类似的错误是 FEND 指令出现在 FOR-NEXT 循环之中。使用多条 FEND 指令时，子程序和中断程序应放在最后的 FEND 指令和 END 指令之间。

四、任务步骤

1）I/O 分配见表 5-2。

表 5-2 I/O 分配

输入		输出		
过载保护 FR	X000	KA	电动机输出	Y000
起动按钮 SB1	X001			
停止按钮 SB2	X002			
选择开关 SB3	X003			

2）接线图如图 5-18 所示。

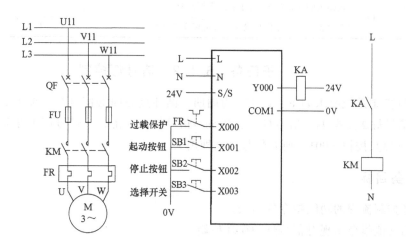

图 5-18 接线图

3）PLC 程序：利用跳转指令编写手/自动控制程序，如图 5-19 所示。

4）任务评价见表 5-3。

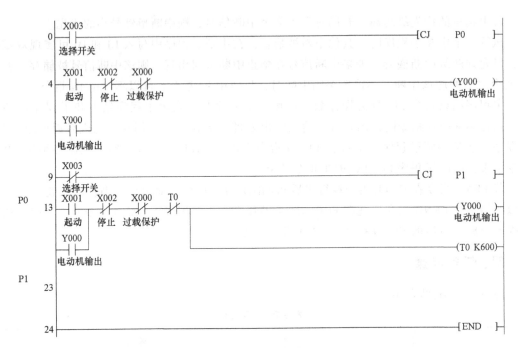

图 5-19　PLC 程序

表 5-3　任务评价

评估内容	评估标准	配分	得分
I/O 分配	合理分配 I/O 端子	10	
外部接线与布线	按照接线图,正确、规范接线	30	
梯形图设计	正确编写 PLC 程序	30	
程序检查与运行	下载、运行、监控正确的程序	10	
理解、总结能力	能正确理解实训任务,善于总结实训经验	10	
语言表达能力	清楚地表达实训操作步骤并合理解释实训现象	10	

子任务　5.1.2　信号灯控制

某信号灯控制系统要求如下:以 15s 为周期,循环点亮四盏信号灯:按下 SB1,信号灯 1 点亮 3s→信号灯 2 点亮 4s→信号灯 3 点亮 5s→信号灯 4 点亮 3s→信号灯 1 再次点亮 3s,不断循环。按下停止按钮 X001,所有信号灯立即熄灭。

一、任务目标

1)熟悉控制流程的功能指令的用法。

2)使用功能指令实现对信号灯的循环控制。

二、任务要求

1)完成对信号灯的循环控制系统输入/输出端的接线。

2)完成对信号灯的循环控制系统 PLC 程序的编写。

三、相关指令介绍

1. 传送指令

传送指令包括 MOV（传送）、SMOV（BCD 码移位传送）、CML（取反传送）、BMOV（数据块传送）和 FMOV（多点传送）以及 XCH（数据交换）指令。

MOV 和 CML 指令的源操作数可取所有的数据类型，SMOV 指令可取除 K、H 以外的其他类型的操作数。它们的目标操作数可取 KnY、KnM、KnS、T、C、D、V 和 Z。

（1）传送指令 MOV　将源数据［S］传送到指定目标［D］，图 5-20 中程序执行时将常数 K50 传送到 D0，并自动转换为二进制数。

（2）数据块传送指令 BMOV　对指定点数的多个数据进行成批传送（复制）。

BMOV 的源操作数［S］可取 KnX、KnY、KnM、KnS、T、C、D、V、Z 和文件寄存器，目标操作数［D］可取 KnY、KnM、KnS、T、C、D、V、Z 和文件寄存器。该指令将源操作数指定的元件开始的 n 点数据组成的数据块传送到以指定目标开始的 n 点位置。n（n≤512）可取 K、H 和 D。如果元件号超出允许的范围，则数据仅传送到允许的范围。

当源数据［S］与指定目标［D］的地址范围重叠时，为了防止源数据没传送就被改写，通过将地址号重叠的方法，按①~③的顺序自动传送，如图 5-20 所示。

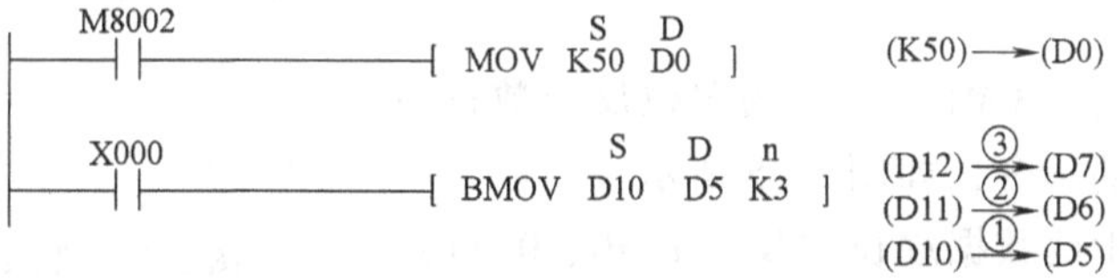

图 5-20　MOV 与 BMOV 指令的使用方法

① 组合位元件的传送。使用 MOV 指令实现的组合位元件的传送，如图 5-21 所示。

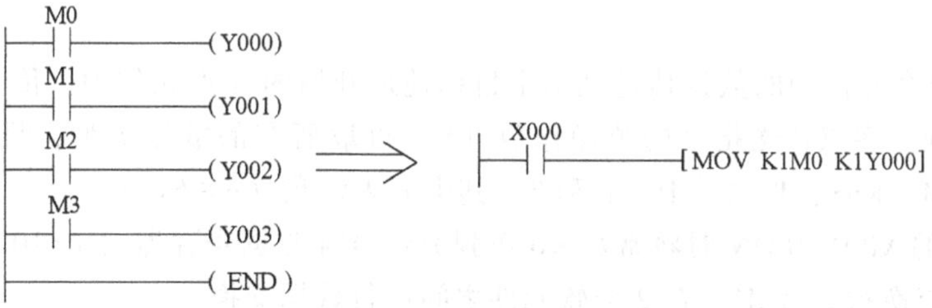

图 5-21　组合位元件的传送

② 32 位数据的传送。运算结果作为 32 位被输出的应用指令（MUL 等）或者用 32 位的数值或者用 32 位的位软元件传送高速计数器当前值（C235~C255）时，必须使用 DMOV 指令。图 5-22 所示为 32 位数据的传送。

例 5-6：用 MOV 指令实现三相异步电动机的丫-△减压起动，参考程序如图 5-23 所示。

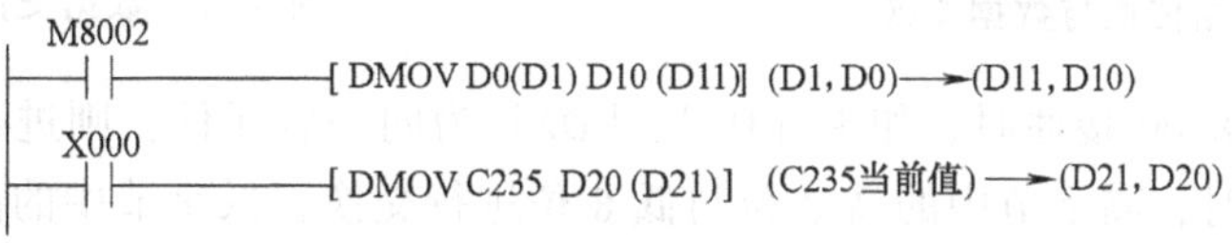

图 5-22　32 位数据的传送

（3）码移位传送指令 SMOV　进行数据分配与合成的指令。

它将源数据（BIN）变换成 BCD 码（4 位十进制数）后，从指定的第 m1 位起，将其低 m2 位的部分数据传送到目标操作数中指定的以第 n 位开始的位置，再将其变换为二进制数（BIN），如图 5-24 所示。m1、m2、n = 1~4。

BCD 码的值>9999 时出错，源数据为负值时也出错。

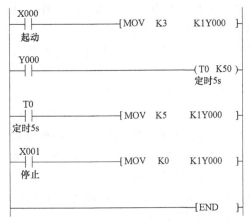

图 5-23　MOV 指令参考程序

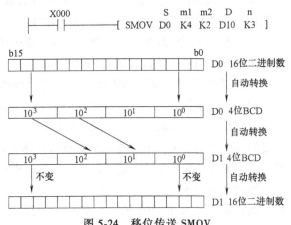

图 5-24　移位传送 SMOV

（4）取反传送指令 CML　以位为单位反转数据后进行传送（复制）的指令，如图 5-25 所示。

CML 将源元件中的数据逐位取反（1→0、0→1），并传送到指定目标元件中。若将常数 K 或 H 用于源操作数，则自动进行二进制变换。

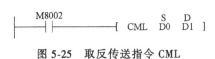

图 5-25　取反传送指令 CML

（5）多点传送指令 FMOV　将同一数据传送到指定点数的软元件中进行多点传送的指令。

FMOV 将单个元件中的数据传送到指定目标地址开始的 n 点元件中，传送后 n 点元件中的数据完全相同。多点传送指令的源操作数［S］可取所有的数据类型，目标操作数［D］可取 KnY、KnM、KnS、T、C、D、V 和 Z，其中 n 为常数（n≤512）。

图 5-26 中的 X001 为 ON 时将常数 K0 送到 D5~D14 数据寄存器（n = 10，共 10 个）中。

（6）数据交换指令 XCH　在 2 个软元件之间进行数据交换。

执行数据交换指令 XCH 时，数据在指定的目标元件［D1］、［D2］之间进行交换。数据交换指令一般采用脉冲执行方式，如图 5-27 所示；否则，在每一个扫描周期都要交换一次。目标操作数可取 KnY、KnM、KnS、T、C、D、V 和 Z。

```
    X001                S   D   n
----| |------------[ FMOV  K0  D5  K10 ]
```

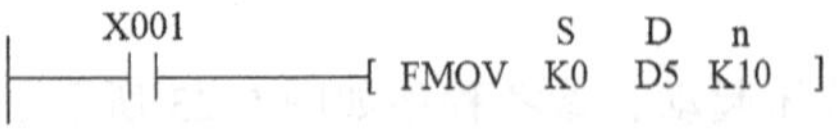

图 5-26　多点数据传送与数据交换

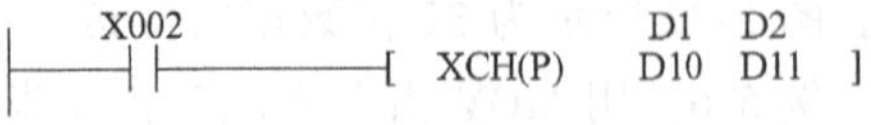

```
    X002                     D1  D2
----| |------------[ XCH(P)  D10 D11 ]
```

图 5-27　数据交换指令 XCH

图 5-28 中在 M8160 接通时，如果［D1］、［D2］为同一软元件，则进行高 8 位与低 8 位的交换；32 位指令时，高字节中的高 8 位与低 8 位进行交换，低字节中的高 8 位与低 8 位进行交换；如果［D1］、［D2］的软元件地址号不同，则错误标志 M8067 为 ON，不执行指令。

2. 数据变换指令

数据变换指令包括 BCD（二进制数转换成 BCD 码并传送）和 BIN（BCD 码转换为二进制数并传送）指令。它们的源操作数可取 KnX、KnY、KnM、KnS、T、C、D、V 和 Z，目标操作数可取 KnY、KnM、KnS、T、C、D、V 和 Z，如图 5-29 所示。

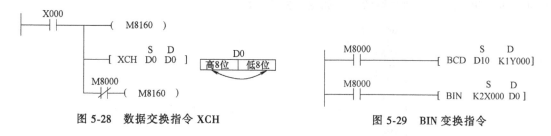

图 5-28 数据交换指令 XCH

图 5-29 BIN 变换指令

（1）BCD 变换指令 将 BIN（二进制数）转换成 BCD（十进制数）后传送的指令。

可编程序控制器的运算按照 BIN（二进制数）数据进行处理，在带 BCD 译码的 7 段码显示器中显示数值时使用。BCD 变换指令将源元件［S］中的二进制数转换为 BCD 码并送到目标元件［D］中。如果执行的结果超过 0～9999，或双字节的执行结果超过 0～99999999，将会出错。

（2）BIN 变换指令 将十进制数（BCD）转换成二进制数（BIN）的指令，在将数字式开关之类，以 BCD（十进制数）设定的数值转换成可编程序控制器的运算中可以处理的 BIN（二进制数）数据后读取的情况下用。BIN 变换指令将源元件［S］中的 BCD 码转换为二进制数后送到目标元件［D］中。如果源元件中的数据不是 BCD 码，将会出错，M8067（运算错误）、M8068（运算错误锁定）为 ON。

3. 比较指令

比较指令包括 CMP（比较）和 ZCP（区间比较），比较结果用目标元件的状态来表示。待比较的源操作数［S1］、［S2］和［S3］（CMP 只有两个源操作数）可取任意的数据格式，目标操作数［D］可取 Y、M 和 S，占用连续的 3 个元件。

（1）比较指令 CMP 比较指令 CMP 比较源操作数［S1］和［S2］，比较的结果送到目标操作数［D］中去。图 5-30 中的比较指令将十进制常数 K100 与计数器 C10 的当前值比较，比较结果送到 M0～M2。X001 为 OFF 时不进行比较，M0～M2 的状态保持不变；X001 为 ON 时进行比较。

指定的元件种类或元件号超出允许范围时将会出错。

（2）区间比较指令 ZCP 区间比较指令的助记符为 ZCP，图 5-31 中的 X002 为 ON 时，

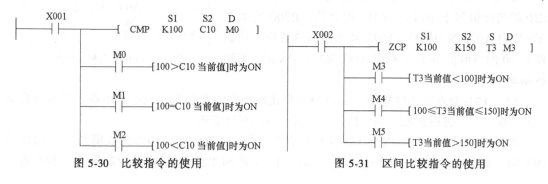

图 5-30 比较指令的使用

图 5-31 区间比较指令的使用

执行 ZCP 指令，将 T3 的当前值与常数 100 和 150 相比较，比较结果送到 M3～M5，源数据 [S1] 不能大于 [S2]。

例 5-7：使用区间比较指令实现任意时间段的时序控制。

时序控制电路一般只有一个起动命令信号，各输出量的 ON/OFF 状态根据预定的时间自动发生变化，最后回到初始状态，如图 5-32 所示。

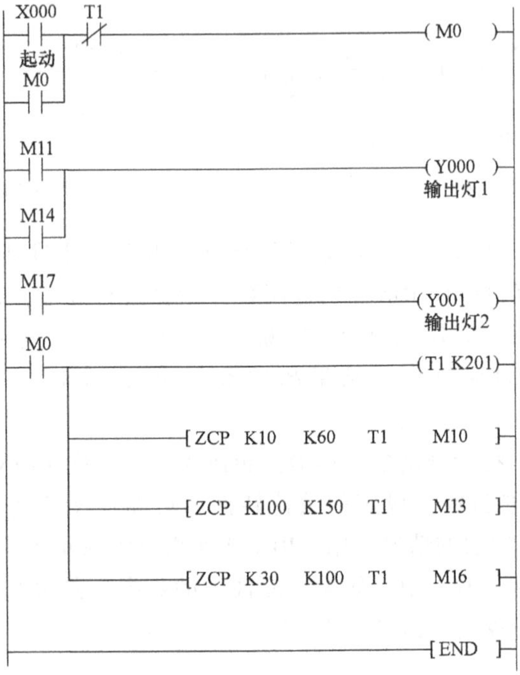

图 5-32　区间比较指令示例

4. 触点型比较指令

触点型比较指令相当于一个触点，执行时比较源操作数 [S1] 和 [S2]，满足比较条件则触点闭合，源操作数 [S1] 和 [S2] 可取所有的数据类型。以 LD 开始的触点型比较指令接在左母线上，以 AND 开始的触点型比较指令与其他触点或电路串联，以 OR 开始的触点型比较指令与其他触点或电路并联。

（1）LD 触点型比较指令　LD 触点型比较指令接在左母线上，对源操作数 [S1] 和 [S2] 进行比较，根据比较结果进行后段程序处理。图 5-33 中计数器 C10 的当前值等于 20 时，Y010 被驱动。D200 的值大于-30 且 X010 为 ON 时，Y011 被 SET 指令置位。计数器 C200 的当前值小于 678493 时或 M3 为 ON 时，M50 被驱动。

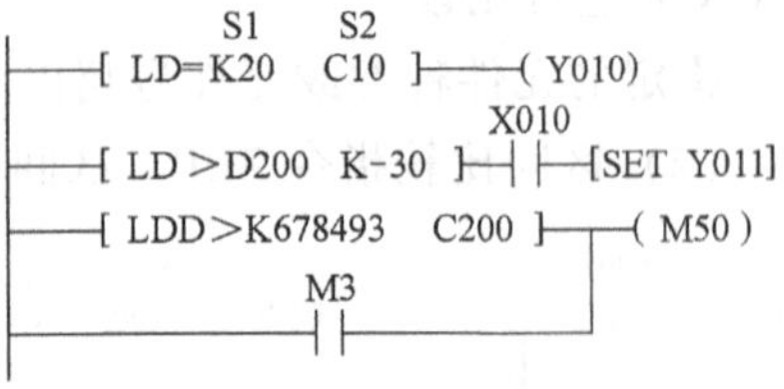

图 5-33　LD 触点型比较指令

（2）AND 触点型比较指令　AND 触点型比较指令与其他触点或电路串联，对源操作数 [S1] 和 [S2] 进行比较，根据比较结果进行后段程序处理。

图 5-34 中，X010 为 ON、计数器 C10 的当前值等于 200 时，Y010 的线圈通电。X011 为 OFF 时，数据寄存器 D0 的值不等于-10 时，Y011 被 SET 指令置位。X012 为 ON，数据寄存

器 D11、D10 的值小于 678493 时或 M30 为 ON 时，M50 被驱动。

（3）OR 触点型比较指令　OR 开始的触点型比较指令与其他触点或电路并联，对源操作数 [S1] 和 [S2] 进行比较，根据比较结果进行后段程序处理。

图 5-35 中，X011 为 ON 时，或计数器 C10 的当前值等于 200 时，Y010 被驱动。X012 与 M31 同时为 ON 时，或数据寄存器 D101、D100 的值在 100000 及以上时，M60 被驱动。

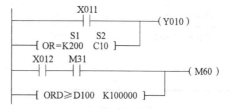

图 5-34　AND 触点型比较指令　　　　图 5-35　OR 触点型比较指令

触点比较指令见表 5-4。

表 5-4　触点比较指令

16 位指令	32 位指令	导通条件	不导通条件
LD =	LDD =	S1 = S2	S1 ≠ S2
LD>	LDD>	S1>S2	S1 ≤ S2
LD<	LDD<	S1<S2	S1 ≥ S2
LD<>	LDD<>	S1 ≠ S2	S1 = S2
LD< =	LDD< =	S1 ≤ S2	S1>S2
LD> =	LDD> =	S1 ≥ S2	S1<S2

例 5-8：以 15s 为周期，循环点亮 3 盏灯，按下起动按钮（X000），灯 1（Y000）点亮 5s→灯 2（Y001）点亮 6s→灯 3（Y002）点亮 4s→灯 1（Y000）再次点亮 5s，不断循环。按下停止按钮（X001），3 盏灯均熄灭，参考程序如图 5-36 所示。

```
   X000    X001                                              (M0)
   起动     停止
   M0              T0
   ├┤               ├┤                                        (T0 K150)

   M0
   ├┤─[< T0 K50]                                             (Y000)
                                                             输出灯1

   [>= T0 K50]H[<= T0 K110]                                  (Y001)
                                                             输出灯2

   [>= T0 K110]H[<= T0 K150]                                 (Y002)
                                                             输出灯3

   M0
   ┤╱├                                        [ZRST Y000 Y002]
                                                    输出灯1 输出灯3

                                                             [END]
```

图 5-36　参考程序

四、任务步骤

1）I/O 分配见表 5-5。

表 5-5 I/O 分配

输入		输出	
起动按钮 SB1	X000	信号灯 1 HL1	Y000
停止按钮 SB2	X001	信号灯 2 HL2	Y001
		信号灯 3 HL3	Y002
		信号灯 4 HL4	Y003

2）接线图如图 5-37 所示。

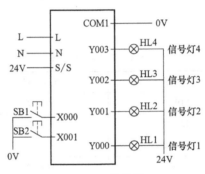

图 5-37 接线图

3）PLC 程序如图 5-38 所示。

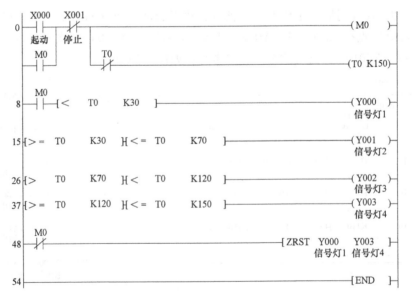

图 5-38 PLC 程序

4）任务评价见表 5-6。

表 5-6　任务评价

评估内容	评估标准	配分	得分
I/O 分配	合理分配 I/O 端子	10	
外部接线与布线	按照接线图,正确、规范接线	30	
梯形图设计	正确编写 PLC 程序	30	
程序检查与运行	下载、运行、监控正确的程序	10	
理解、总结能力	能正确理解实训任务,善于总结实训经验	10	
语言表达能力	清楚地表达实训操作步骤并合理解释实训现象	10	

五、任务拓展

用比较指令控制电铃。

1）控制要求：用比较指令编写一个电铃控制程序，按我们一天的作息时间动作，电铃每次响 15s，如 6∶15，8∶20，11∶45，20∶00 各响一次。

2）I/O 分配表见表 5-7。

表 5-7　I/O 分配

输入		输出	
设定分钟开关	X000	电铃 HA	Y000
设定小时开关	X001		

3）接线图如图 5-39 所示。

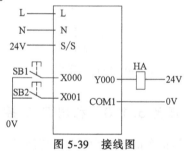

图 5-39　接线图

4）PLC 程序梯形图如图 5-40 所示。

5）任务评价见表 5-8。

表 5-8　任务评价

评估内容	评估标准	配分	得分
I/O 分配	合理分配 I/O 端子	10	
外部接线与布线	按照接线图,正确、规范接线	30	
梯形图设计	正确编写 PLC 程序	30	
程序检查与运行	下载、运行、监控正确的程序	10	
理解、总结能力	能正确理解实训任务,善于总结实训经验	10	
语言表达能力	清楚地表达实训操作步骤并合理解释实训现象	10	

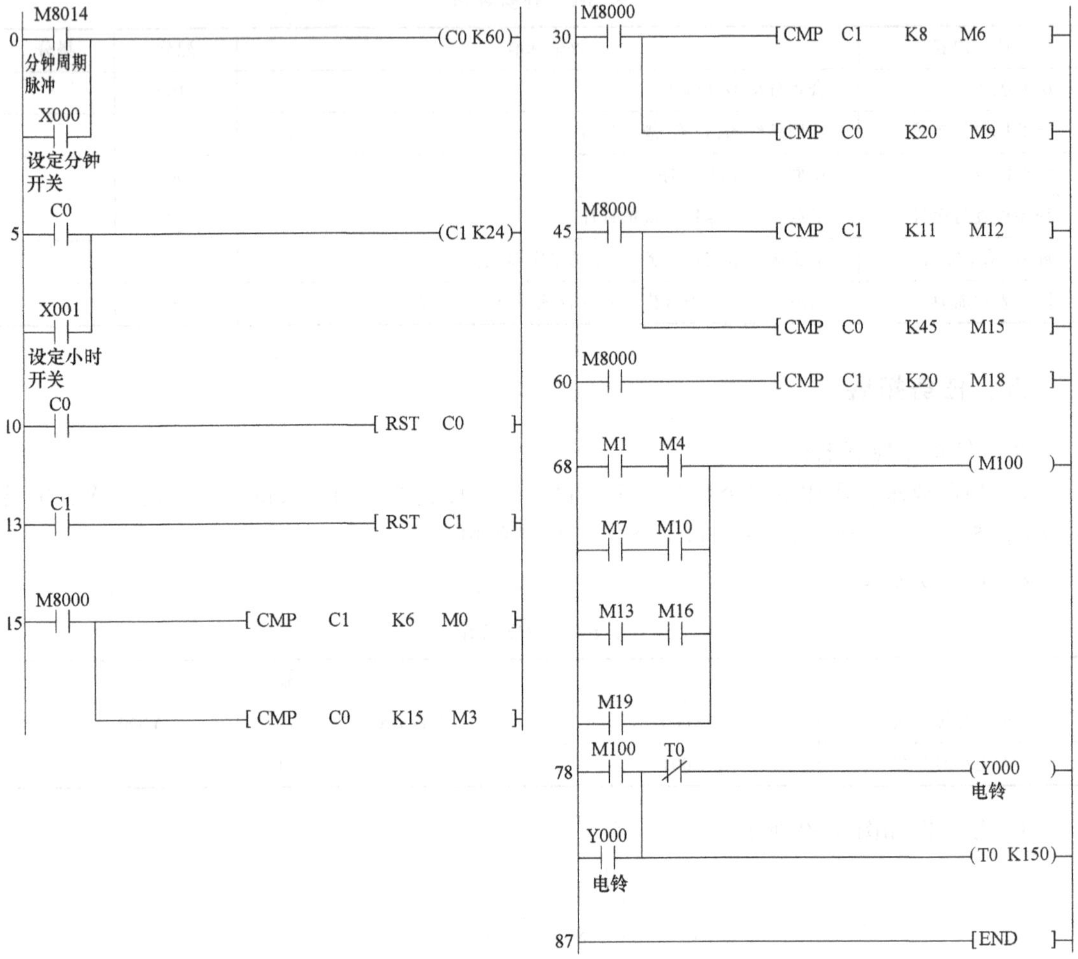

图 5-40　PLC 程序梯形图

子任务 5.1.3　利用 PLC 控制密码锁

通过算术运算、解码/编码等指令的应用设计一个密码锁。其控制要求为：首先设置一个 3 位密码，当输入的密码与预设密码一致时，按下"确定"按钮后，指示灯点亮，密码锁打开；当输入密码和预设密码不一致时，按下"确定"按钮后，指示灯闪烁，单击"清除"按钮可以清除输入密码重新进行输入。

一、任务目标

1）掌握 PLC 功能指令算术运算、解码/编码等指令的用法。

2）掌握 PLC 的数据寄存器 D 的应用。

3）使用功能指令实现对密码锁的设计。

二、任务要求

1）完成密码锁系统输入/输出端的接线。

2) 完成密码锁系统 PLC 程序的编写。

三、相关指令介绍

1. 算术运算指令

算术运算包括 ADD、SUB、MUL、DIV（二进制加、减、乘、除）指令，源操作数可取所有的数据类型，目标操作数可取 KnY、KnM、KnS、T、C、D、V 和 Z，32 位乘除指令中 V 和 Z 不能用作目标操作数。

每个数据的最高位为符号位（0 为正，1 为负），所有的运算均为代数运算。在 32 位运算中被指定的字元件为低位字，下一个字元件为高位字。为了避免错误，建议指定操作元件时采用偶数元件号。如果目标元件与源元件相同，为避免每个扫描周期都执行一次指令，应采用脉冲执行方式。

如果运算结果为 0，零标志 M8020 置 1；如果运算结果超过 32767（16 位运算）或 2147483647（32 位运算），进位标志 M8022 置 1；如果运算结果小于 -32768（16 位运算）或 -2147483648（32 位运算），借位标志 M8021 置 1。

如果目标操作数（如 KnM）的位数小于运算结果，将只保存运算结果的低位。例如，运算结果为二进制数 11001（十进制数 25），指定的目标操作数为 K1Y004（由 Y004～Y007 组成的 4 位二进制数），实际上只能保存低位的二进制数 1001（十进制数 9）。

1）加法指令 ADD：2 个值进行加法运算（A+B=C）后得出结果的指令。

将 2 个源元件［S1］、［S2］中的二进制数相加，结果送到指定的目标元件［D］中。图 5-41 中的 X000 为 ON 时，执行 (D10)+(D12)→(D14)。

2）减法指令 SUB：2 个值进行减法运算（A-B=C）后得出结果的指令。

将［S1］指定的元件中的数减去［S2］指定的元件中的数，结果送到［D］指定的目标元件。图 5-41 中的 X001 由 OFF 变为 ON 时，执行 (D1，D0)-22→(D15，D14)。

3）乘法指令 MUL：2 个值进行乘法运算（A×B=C）后得出结果的指令。

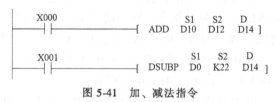

图 5-41　加、减法指令

将源元件［S1］、［S2］中的二进制数相乘，结果（32 位）送到指定的目标元件［D］开始的连续 2 个元件中。图 5-42 中的 X002 为 ON 时，执行 (D0)×(D2)→(D5，D4)，乘积的低 16 位送到 D4，高 16 位送到 D5。

32 位乘法的结果为 64 位。目标位元件（如 KnM）的位数如果小于运算结果的位数，只能保存结果的低位。

4）除法指令 DIV：用［S1］除以［S2］，商送到目标元件［D］，余数送到［D］的下一个元件。图 5-42 中的 X003 为 ON 时，执行 32 位除法运算，(D7，D6)÷(D9，D8)；商送到 (D3，D2)，余数送到 (D5，D4)。

若除数为 0 则出错，不执行该指令。若位元件被指定为目标元件，得不到余数，商和余数的最高位为符号位。

2. 加 1 和减 1 指令

加 1 指令 INC 和减 1 指令 DEC 的目标操作数［D·］均可取 KnY、KnM、KnS、T、C、

D、V 和 Z。它们不影响零标志、借位标志和进位标志。图 5-43 中的 X004 每次由 OFF 变为 ON 时，将 [D] 指定的元件中的数加 1。如果不用脉冲指令，每一个扫描周期都要加 1。在 16 位运算中，32767 再加 1 就变成 -32768。32 位运算时，+2147483647 再加 1 就会变为 -2147483648。减 1 指令也采用类似的处理方法。

图 5-42　乘、除法指令　　　　　　　　图 5-43　二进制加 1、减 1 运算

例 5-9：图 5-44 所示为将计数器 C0 ~ C9 的当前值作 BCD 变换，向 K4Y000 输出，驱动译码显示。当复位输入 X010 接通时，将 Z 清零。每当 X011 接通时，将 C0、C1、…、C9 的当前值按顺序输出。

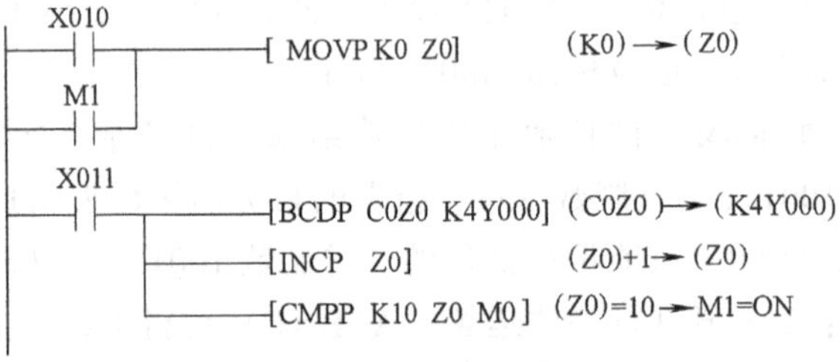

图 5-44　示例程序

3. 字逻辑运算指令

字逻辑运算指令包括 WAND（字逻辑与）、WOR（字逻辑或）、WXOR（字逻辑异或）和 NEG（求补）指令，它们的 [S1] 和 [S2] 均可取所有的数据类型，目标操作数 [D] 可取 KnY、KnM、KnS、T、C、D、V 和 Z。这些指令以位（bit）为单位作相应的运算。

XOR 指令与求反指令（CML）组合使用可以实现"异或非"运算，如图 5-45 所示。

求补指令 NEG 只有目标操作数。它将 [D] 指定的数的每一位取反后再加 1，结果存于同一元件，求补指令实际上是绝对值不变的变号操作。FX 系列 PLC 的负数用 2 的补码的形式来表示，最高位为符号位，0 为正数，1 为负数，将负数求补后得到它的绝对值。

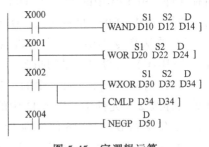

图 5-45　字逻辑运算

例 5-10：求 (D0)、(D1)、(D2) 三个数的平均值，参考程序如图 5-46 所示。

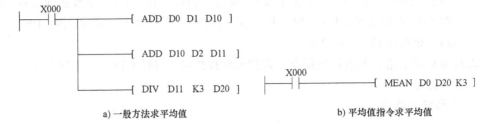

a) 一般方法求平均值　　　　　　　　b) 平均值指令求平均值

图 5-46　求平均值程序

4. 解码与编码指令

1）解码指令 DECO：将数字数据中任意一个转换成 1 点的 ON 位的指令。根据 ON 位的位置可以将位编号读成数值。源操作数 X002～X000 组成的二进制数为 N，该指令将 M10 开始的目标操作数 M10～M17（共 8 位，2n＝8）中的第 N 位置为 1，其余各位置 0，相当于数字电路中译码电路的功能。利用解码指令，可以用数据寄存器中的值来控制位元件的 ON/OFF。X000 是源操作数的首位。当［D］为位元件时，n＝1～8；当［D］为字元件时，n＝1～4。

2）编码指令 ENCO：求出在数据中 ON 位的位置的指令。图 5-47 中的编码字指令 EN-CO 将源操作数 M20～M27（共 8 位，2n＝8）中为 ON 的最高位的位数（二进制）存放在目标元件 D10 的低 3 位中。当［S］为位元件时，n＝1～8；当［S］为字元件时，n＝1～4。

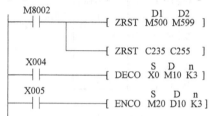

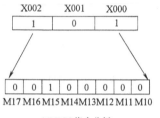

a）DECO指令分析

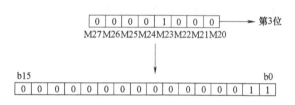

b）ENCO指令分析

图 5-47　解码与编码指令

四、任务步骤

1）I/O 分配见表 5-9。

表 5-9　I/O 分配

输入			输出	
	数字键 0	X000	密码锁	Y000
	数字键 1	X001		
	数字键 2	X002		
	数字键 3	X003		
	数字键 4	X004		
	数字键 5	X005		
	数字键 6	X006		
	数字键 7	X007		
	数字键 8	X010		
	数字键 9	X011		
SB1	确定按钮	X012		
SB2	清除按钮	X013		

2）接线图如图 5-48 所示。

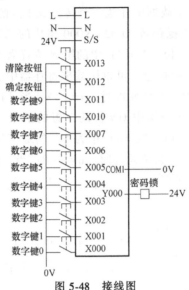

图 5-48　接线图

3）PLC 程序梯形图如图 5-49 所示。

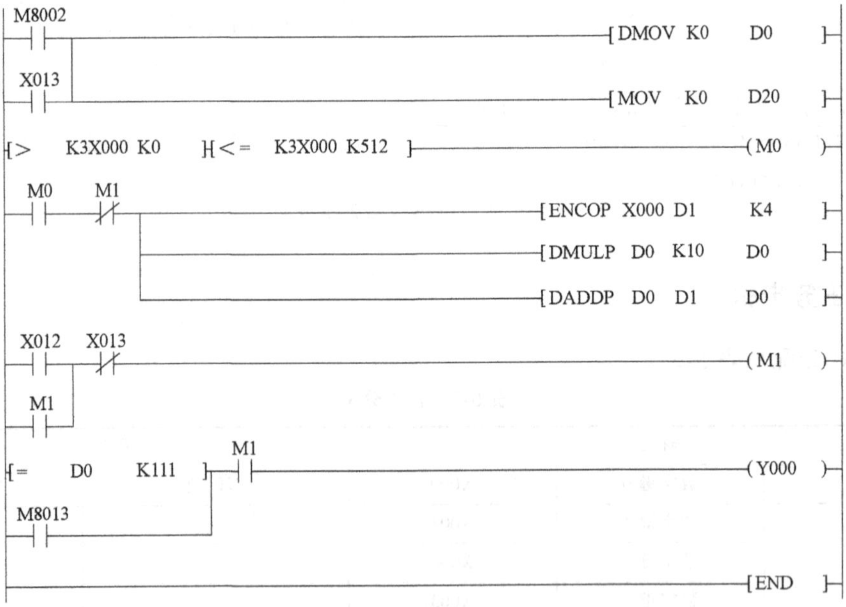

图 5-49　PLC 程序梯形图

4）任务评价见表 5-10。

表 5-10　任务评价

评估内容	评估标准	配分	得分
I/O 分配	合理分配 I/O 端子	10	
外部接线与布线	按照接线图，正确、规范接线	30	
梯形图设计	正确编写 PLC 程序	30	

评估内容	评估标准	配分	得分
程序检查与运行	下载、运行、监控正确的程序	10	
理解、总结能力	能正确理解实训任务,善于总结实训经验	10	
语言表达能力	清楚地表达实训操作步骤并合理解释实训现象	10	

五、任务拓展

用运算指令解方程:

(1) 控制要求　用 PLC 解出下列方程:$y = (36+25x)/255$,其中 x 用两位数字开关输入,变化范围是 (0~99):写出程序的梯形图。

分析:把两位数字开关接在 PLC 的 X000~X007,然后用 BIN 指令把数字开关输入的 BCD 码转化为 BIN 码参与四则运算。

(2) PLC 程序　参考程序如图 5-50 所示。

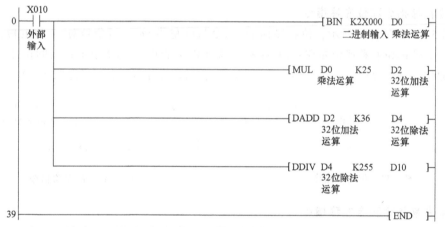

图 5-50　参考程序

子任务 5.1.4　PLC 控制循环彩灯

广告牌为 "某某三星级大饭店",如图 5-51 所示,8 个字按一定的规律点亮或熄灭,每个字的背后对应 1 组灯,即控制 8 组灯,按一定规律点亮或熄灭就能实现。按下起动按钮,每隔 0.5s 灯的变化是依次往右点亮一组,直至 8 组灯全部点亮后,灯开始每隔 0.5s 依次往右熄灭。然后每隔 0.5s 灯的变化又依次往右点亮一组,直至 8 组灯全部点亮后,灯开始每隔 0.5s 依次往右熄灭,一直往复循环。按下停止按钮,所有灯立即熄灭。

图 5-51　广告牌示意图

一、任务目标

1) 掌握 PLC 功能指令 SFTL（P）、SFTR（P）的用法。
2) 掌握 PLC 的数据寄存器 D 的应用。
3) 使用功能指令实现对彩灯的控制。

二、任务要求

1) 完成循环彩灯控制系统输入/输出端的接线。
2) 完成循环彩灯控制系统 PLC 程序的编写。

三、相关指令介绍

在此任务中，我们可以使用移位指令或者循环移位指令中的一种来实现每隔 0.5s 灯的变化（依次点亮或者熄灭）。移位指令包括了位右移指令、位左移指令和字右移指令、字左移指令，而循环指令包括了左循环指令和右循环指令。

1. 位右移指令和位左移指令

如图 5-52 和图 5-53 所示，位右移 SFTR 指令与位左移 SFTL 指令是对 n1 位的位元件中的数据进行 n2 位的位右移或位左移；由 n1 指定位元件组的长度，n2 指定移动的位数，常数 n2 ≤ n1 ≤ 1024。源操作数 [S] 只能取 X、Y、M、S，目标操作数 [D] 只能取 Y、M、S。

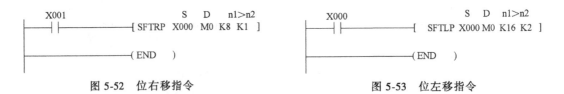

图 5-52　位右移指令　　　　　　　　图 5-53　位左移指令

2. 字右移指令和字左移指令

如图 5-54 和图 5-55 所示，字右移 WSFR 指令、字左移 WSFL 指令是以字为单位，将 n1 个字的字元件进行 n2 个字的右移或左移。源操作数 [S] 可取 KnX、KnY、KnM、KnS、T、C 和 D，目标操作数 [D] 可取 KnY、KnM、KnS、T、C 和 D，n2 ≤ n1 ≤ 512。

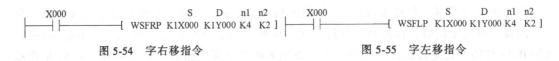

图 5-54　字右移指令　　　　　　　　图 5-55　字左移指令

例 5-11：有 10 个彩灯，接在 PLC 的 Y000～Y011，要求每隔 1s 依次由 Y000→Y011 轮流点亮一个，循环进行。写出 PLC 的控制程序，如图 5-56 所示。

分析：用 SFTL 指令

例 5-12：有 10 个彩灯，接在 PLC 的 Y000～Y011，要求每隔 1s 点亮一个，依次从 Y000 点亮至 Y011。当点亮至全亮时，又从 Y000 熄灭至 Y011，然后又从 Y000 开始点亮，如此循环进行。写出 PLC 的控制程序，如图 5-57 所示。

分析：用 SFTL 指令，输出自锁。

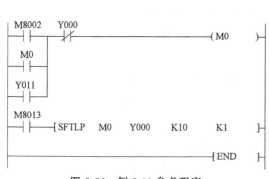

图 5-56 例 5-11 参考程序

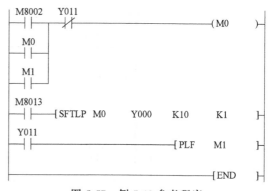

图 5-57 例 5-12 参考程序

3. 循环移位指令

对于循环移位指令，当驱动输入接通时，每一个扫描周期都执行一次。而采用脉冲执行型指令时，当驱动输入由 OFF→ON 时进行一次移位。使用时必须加以注意。

（1）右、左循环移位指令　右、左循环移位指令分别为 ROR 和 ROL，是不包括进位标志在内的指定位数部分的位信息右/左移、循环的指令。它们只有目标操作数 ［D］，可取 KnY、KnM、KnS、T、C、D、V 和 Z。

执行右、左循环移位指令时，各位的数据向右（或向左）循环移动 n 位，n 为循环量。16 位指令，$n \leqslant 16$；32 位指令，$n \leqslant 32$。每次移出来的那一位同时存入进位标志 M8022 中，如图 5-58 和图 5-59 所示。若在目标元件中指定位元件组的组数，则只有 K4（16 位指令）和 K8（32 位指令）有效，例如 K4Y010 和 K8M0。

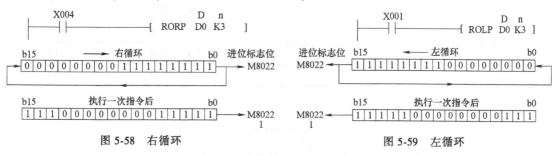

图 5-58　右循环　　　　　　　　　　　图 5-59　左循环

（2）带进位的循环移位指令　带进位的右、左循环移位指令分别为 RCR 和 RCL。它们的目标操作数 ［D］、程序步数和 n 的取值范围与循环移位指令相同。执行这两条指令时，各位的数据与进位位 M8022 一起（16 位指令时一共 17 位）向右（或向左）循环移动 n 位，如图 5-60 和图 5-61 所示。在循环中移出的位送入进位标志，后者又被送回到目标操作数的另一端。

图 5-60　带进位的右循环　　　　　　　　图 5-61　带进位的左循环

例 5-13：有 16 个彩灯，接在 PLC 的 Y000～Y017，现要求彩灯开始从 Y000 至 Y017 每隔 1s 依次点亮一个，亮至 Y017，又从 Y017 至 Y000 依次点亮，循环进行。参考程序如图 5-62 所示。

```
M8002
 ├──┤├─────────────────────────────[MOV  K1    K4Y000 ]
 Y000   Y017   M1
 ├──┤├───┤/├───┤/├────────────────────────────────(M0  )
  M0
 ├──┤├─┤
  M0   M8013
 ├──┤├───┤├──────────────────────────[ROLP K4Y000  K1 ]
 Y017   Y000   M0
 ├──┤├───┤/├───┤/├────────────────────────────────(M1  )
  M1
 ├──┤├─┤
  M1   M8013
 ├──┤├───┤├──────────────────────────[RORP K4Y000  K1 ]
                                                  [END ]
```

图 5-62　例 5-13 参考程序

四、任务步骤

1）I/O 分配见表 5-11。

表 5-11　I/O 分配

输入		输出	
起动按钮 SB1	X000	"某"字灯组	Y000
停止按钮 SB2	X001	"某"字灯组	Y001
		"三"字灯组	Y002
		"星"字灯组	Y003
		"级"字灯组	Y004
		"大"字灯组	Y005
		"饭"字灯组	Y006
		"店"字灯组	Y007

2）接线图如图 5-63 所示。

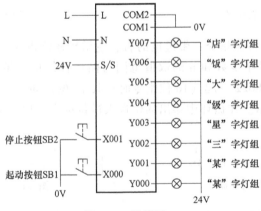

图 5-63　接线图

3）PLC 程序梯形图如图 5-64 所示。

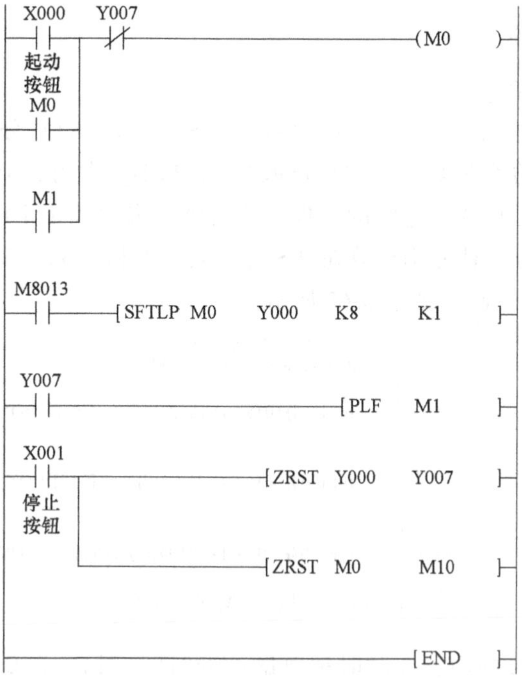

```
    X000    Y007
    ├─┤├────┤/├────────────────────────(M0  )┤

    起动
    按钮
    M0
    ├─┤├┤

    M1
    ├─┤├┤

    M8013
    ├─┤├────────[SFTLP M0    Y000    K8    K1 ]┤

    Y007
    ├─┤├──────────────────────────[PLF  M1 ]┤

    X001
    ├─┤├──────────────────[ZRST Y000    Y007 ]┤

    停止
    按钮
                          ──────[ZRST M0    M10 ]┤

                                              [END ]┤
```

图 5-64　PLC 程序梯形图

4) 任务评价见表 5-12。

表 5-12　任务评价表

评估内容	评估标准	配分	得分
I/O 分配	合理分配 I/O 端子	10	
外部接线与布线	按照接线图,正确、规范接线	30	
梯形图设计	正确编写 PLC 程序	30	
程序检查与运行	下载、运行、监控正确的程序	10	
理解、总结能力	能正确理解实训任务,善于总结实训经验	10	
语言表达能力	清楚地表达实训操作步骤并合理解释实训现象	10	

子任务 5.1.5　闹钟的设计

一、任务目标

掌握时钟运算指令的使用。

二、任务要求

利用 PLC 内部时钟设定一个定时,若 PLC 内部时钟到达定时,则 Y000 每隔 1s 间隔输出,持续 60s。

三、相关指令介绍

1. 时钟数据比较指令

时钟数据比较指令 TCMP 的源操作数［S1］、［S2］和［S3］分别用来存放指定时间的时、分、秒，可取任意的数据类型。［S］可取 T、C 和 D，占用 3 个连续的元件。目标操作数［D］为 Y、M、S，占用 3 个连续的元件。该指令用来比较指定时刻与时钟数据的大小。时钟数据的时间按时、分、秒分别存放在［S］、［S］+1 和［S］+2 中，比较的结果用来控制［D］~［D］+2 的 ON/OFF，如图 5-65 所示。

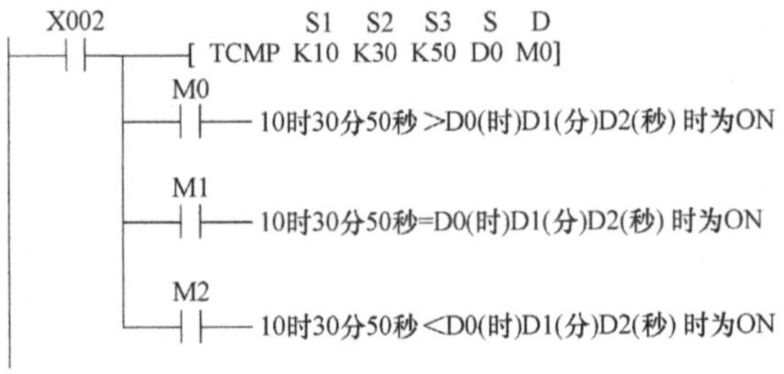

X002
S1 S2 S3 S D
TCMP K10 K30 K50 D0 M0
M0
10时30分50秒>D0(时)D1(分)D2(秒) 时为ON
M1
10时30分50秒=D0(时)D1(分)D2(秒) 时为ON
M2
10时30分50秒<D0(时)D1(分)D2(秒) 时为ON

图 5-65 时钟数据比较指令

时钟数据可利用 PLC 的内置实时时钟数据：D8015（时），D8014（分），D8013（秒）。图 5-65 中的 X002 由 ON 变为 OFF 后，目标元件的 ON/OFF 状态仍保持不变。

2. 时钟数据区间比较指令

时钟数据区间比较指令 TZCP 的源操作数［S1］、［S2］和［S］可取 T、C、D，要求［S1］≤［S2］；目标操作数［D］为 Y、M、S，占用 3 个连续的元件。只有 16 位运算。［S1］、［S2］和［S］分别占用 3 个连续的数据寄存器，分别用来存放时、分、秒。

该指令用来比较时钟数据与指定时刻区间的大小。［S］中的时钟数据与［S1］、［S2］中指定的时间区间相比较，比较的结果用来控制［D］~［D］+2 的 ON/OFF。图 5-66 中的 X004 由 ON 变为 OFF 后，目标元件的 ON/OFF 状态仍保持不变。时钟数据可利用 PLC 的内置实时时钟数据。

X004
S1 S2 S D
TZCP D20 D30 D0 M3
S1
S
M3
D20(时)
D21(分)
D22(秒)
>
D0(时)
D1(分)
D2(秒)
时为ON
S2
M4
D20(时)
D21(分)
D22(秒)
≤
D0(时)
D1(分)
D2(秒)
≤
D30(时)
D31(分)
D32(秒)
时为ON
M5
D0(时)
D1(分)
D2(秒)
>
D30(时)
D31(分)
D32(秒)
时为ON

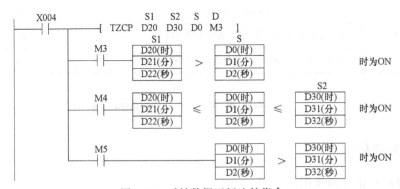

图 5-66 时钟数据区间比较指令

四、任务步骤

1）参考程序如图 5-67 所示。

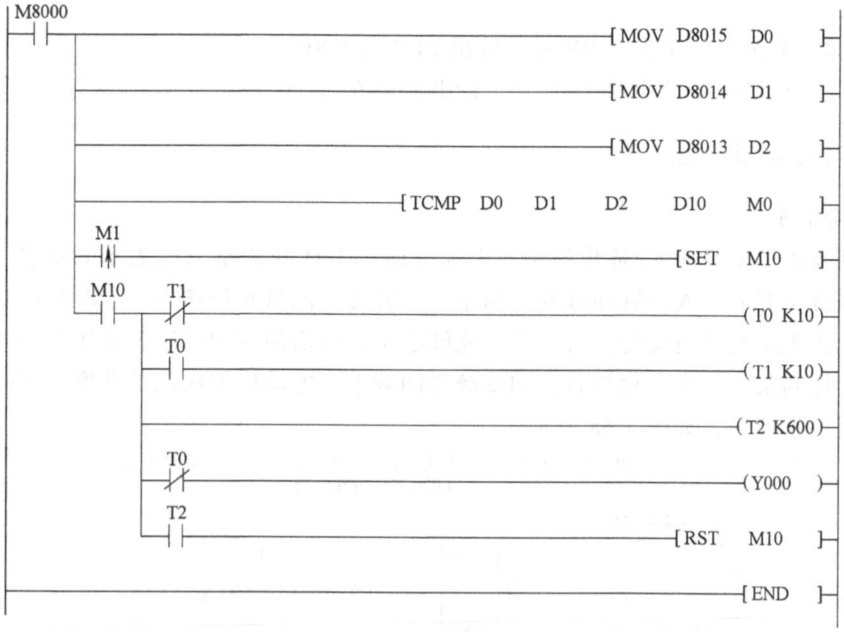

图 5-67　参考程序

2）任务评价见表 5-13。

表 5-13　任务评价表

评估内容	评估标准	配分	得分
I/O 分配	合理分配 I/O 端子	10	
外部接线与布线	按照接线图,正确、规范接线	30	
梯形图设计	正确编写 PLC 程序	30	
程序检查与运行	下载、运行、监控正确的程序	10	
理解、总结能力	能正确理解实训任务,善于总结实训经验	10	
语言表达能力	清楚地表达实训操作步骤并合理解释实训现象	10	

任务 5.2　特殊功能模块应用

子任务 5.2.1　A/D 模块应用

一、任务目标

1）熟悉 A/D 转换模块的工作原理。

2）掌握 FX3U-4AD 模块的接线方式、特殊软元件的使用与实训程序的设计。

二、任务要求

1）本实训用开关电源提供 0~10V 电压、0~20mA 电流,经过 A/D 模块最后由 PLC 的寄存器读出。

2）当采集到的电压值大于9V时，输出PLC的Y000。

3）当采集到的电流值小于1mA时，输出PLC的Y001。

三、相关知识介绍

1. 实训原理

为什么要用模拟量输入/输出模块？因为普通的I/O开关量只能表示0或者1，但实际应用中，经常需要表示或控制连续变化的量，如温度、流量和位移等，这时只用0或者1的开关量是无法表示实际情况的，必须要有能够表示连续值的模块；这就要用到模拟量输入模块；如果要控制某个连续变化的量，如变频器的频率、电动比例阀门的开度，这时就要用模拟量输出模块来控制，如图5-68所示。

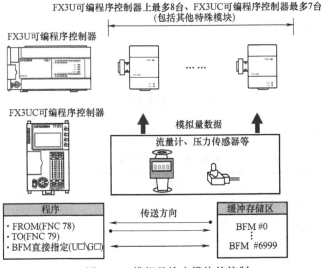

图5-68　模拟量输出模块的控制

2. 三菱模拟量输入模块 FX3U-4AD

（1）各端子介绍　FX3U-4AD各端子名称与功能如图5-69所示。可以对各通道指定电压、电流输入。

模拟量信号经过A/D转换，数值保存在模块缓冲存储区（BFM中）。

通过数字滤波器设定，可以读取稳定的A/D转换值。

（2）模拟量输入接线　模拟量输入的每个CH（通道）可以使用电压输入、电流输入。需要注意的是：模块需要引入DC24V电源，接地时需单独可靠接地，不能与供电系统接地线接在一起。模拟量输入线使用2芯屏蔽双绞线，与其他动力线分开布线。输入电压有波动时，连接$0.1\sim0.47\mu F25V$电容，如图5-70所示。

（3）电源接线　使用FX3U可编程序控制器的DC 24V供给电源接线图如图5-71所示。（漏型输入接线）。

（4）输入模式（特性）BFM#0　FX3U-4AD的输入特性分为电压（$-10\sim+10V$）输入特性和电流（$4\sim20mA$、$-20\sim+20mA$）输入特性，由各自的输入模式设定。根据各输入范围有3种输入模式。

信号名称	用途
24+, 24-	DC 24V电源
⏚	接地端子
V+, VI-, I+	通道1模拟量输入
FG, V+	通道2模拟量输入
VI-, I+	
FG, V+	通道3模拟量输入
VI-, I+	
FG, V+	通道4模拟量输入
VI-, I+	

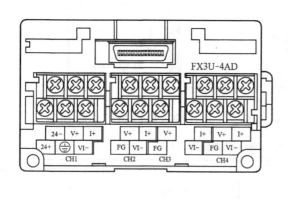

图 5-69 FX3U-4AD 各端子名称与功能

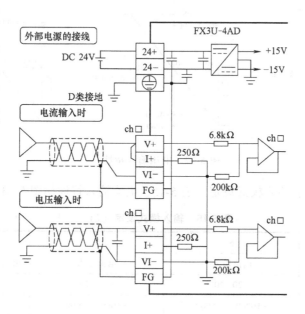

图 5-70 接线图

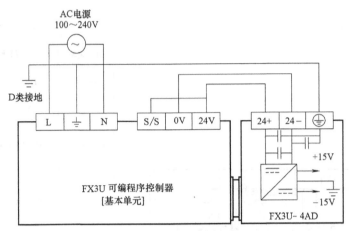

图 5-71　电源接线图

1）电压输入特性：输入模式设定见表 5-14，电压输入特性如图 5-72 所示。

表 5-14　输入模式设定（1）

输入模式设定	0	1	2
输入形式	电压输入	电压输入	电压输入（模拟量直接显示）
模拟量输入范围/V	−10～+10	−10～+10	−10～+10
数字量输出范围	−32000～+32000	−4000～+4000	−10000～+10000
偏置·增益调整	可以	可以	不可以

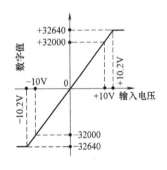 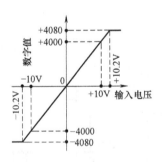 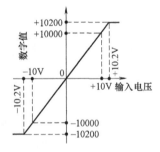

图 5-72　电压输入特性

2）电流输入特性：输入模式设定见表 5-15，电流输入特性如图 5-73 所示。

表 5-15　输入模式设定（2）

输入模式设定	6	7	8
输入形式	电流输入	电流输入	电流输入（模拟量直接显示）
模拟量输入范围/mA	−20～20	−20～20	−20～20
数字量输出范围	−16000～+16000	−4000～+4000	−20000～+20000
偏置·增益调整	可以	可以	不可以

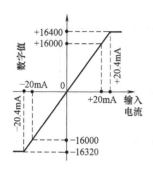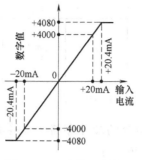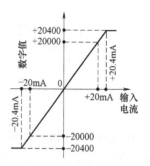

图 5-73　电流输入特性

3. 参数设置

（1）决定输入模式（BFM#0）的内容　初始值（出厂时）：H0000。数据的处理：十六进制（H）。

指定通道 1～通道 4 的输入模式。

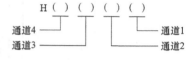

图 5-74　输入模式

输入模式采用 4 位数的 HEX 码，对各位分配各通道的编号。通过在各位中设定 0～8、F 的数值，可以改变输入模式，如图 5-74 所示。表 5-16 为输入模式设定。

表 5-16　输入模式设定（3）

设定值	输入模式	模拟量输入范围	数字量输出范围
0	电压输入模式	−10～+10V	−32000～+32000
1	电压输入模式	−10～+10V	−4000～+4000
2	电压输入 模拟量值直接显示模式	−10～+10V	−10000～+10000
3	电流输入模式	4～20mA	0～16000
4	电流输入模式	4～20mA	0～4000
5	电流输入 模拟量值直接显示模式	4～20mA	−16000～+16000
6	电流输入模式	−20～+20mA	−32000～+32000
7	电流输入模式	−20～+20mA	−4000～+4000
8	电流输入 模拟量值直接显示模式	−20～+20mA	−20000～+20000
F	通道不使用		

（2）单元号的分配和缓冲存储区的概要

1）单元号的分配。从左侧特殊功能单元/模块开始，依次分配单元号 0～7。连接在 FX3U 可编程序控制器上时，分配 1～7 的单元编号。

连接在 FX3U 系列可编程序控制器上时的单元号分配如图 5-75 所示。

2）缓冲存储区的概要。将 4AD 中输入的模拟量信号转换成数字值后，保存在 4AD 的缓冲存储区中。此外，通过从基本单元向 4AD 的缓冲存储区写入数值进行设定，来切换电压输入/电流输入或者调整偏置/增益。

图 5-75　单元号分配

用 FROM/TO 指令或者应用指令的缓冲存储区直接指定来编写程序，执行对 4AD 中的缓冲存储区的读出/写入，如图 5-76 所示。

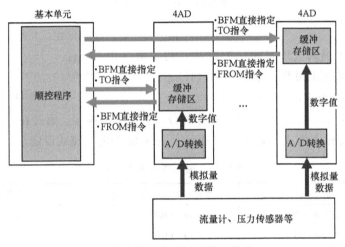

图 5-76　缓冲存储区的数据传输

3）缓冲存储区的直接指定。缓冲存储区的直接指定方法是：将设定软元件指定为直接应用指令的源操作数或者目标操作数，如图 5-77 所示。

图 5-77　缓冲存储区的直接指定

例 5-14：下面的程序是将单元号 1 的缓冲存储区（BFM#10）乘以数据（K10），并将结果写入数据寄存器（D10）中，示例程序如图 5-78 所示。

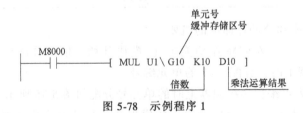

图 5-78　示例程序 1

例 5-15：下面的程序是将数据寄存器（D20）加上数据（K10），并将结果写入单元号 1 的缓冲存储区（BFM#6）中，示例程序如图 5-79 所示。

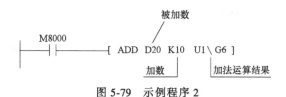

图 5-79 示例程序 2

4）（BFM#2~#5）平均次数：在测定信号中含有像电源频率那样比较缓慢的波动噪声时，可以通过平均化来获得稳定的数据。

注意事项：使用平均次数时，对于使用平均次数的通道必须设定其数字滤波器（通道1~4；BFM#6~#9）为0。此外，使用数字滤波器功能时，将使用通道的平均次数（BFM#2~#5）设定为1。

当设定值为1以外的值，而数字滤波器（通道1~4；BFM#6~#9）设定为0以外的值时，会发生数字滤波器设定不良（BFM#29 b11）的出错。

任何一个通道中，若使用了数字滤波器功能，则所有通道的 A/D 转换时间都变为5ms。

当设定的平均次数在设定范围之外时，将发生平均次数设定不良（BFM#29b10）的出错。

如果设定了平均次数，则不能使用数据历史记录功能。

设定范围：1~4095。

初始值：K1。

数值的处理：十进制（K）。

将通道数据（通道1~4；BFM#10~#13）从即时值变为平均值，设定平均次数（通道1~4；BFM#2~#5），见表5-17。

表 5-17　通道数据

BFM 编号	内容	设定范围	初始值	数据的处理
#0	指定通道 1~4 的输入模式	*2	出厂时 H0000	十六进制
#1	不可以使用	—	—	—
#2	通道 1 平均次数[单位：次]	1~4095	K1	十进制
#3	通道 2 平均次数[单位：次]	1~4095	K1	十进制
#4	通道 3 平均次数[单位：次]	1~4095	K1	十进制
#5	通道 4 平均次数[单位：次]	1~4095	K1	十进制
#6	通道 1 数字滤波器设定	1~4095	K0	十进制
#7	通道 2 数字滤波器设定	1~1600	K0	十进制
#8	通道 3 数字滤波器设定	1~1600	K0	十进制
#9	通道 4 数字滤波器设定	1~1600	K0	十进制
#10	通道 1 数据(即时值或均值)	—	—	十进制
#11	通道 2 数据(即时值或均值)	—	—	十进制
#12	通道 3 数据(即时值或均值)	—	—	十进制
#13	通道 4 数据(即时值或均值)	—	—	十进制

图 5-80 是参数在程序中的设置示例。

图 5-80　参数设置示例程序

4. 浮点数相关指令

浮点数运算指令包括浮点数的比较、变换、四则运算、开平方和三角函数等指令，浮点数经常使用 32 位指令。

（1）二进制整数→二进制浮点数指令 FLT　图 5-81 是将 BIN 整数值转换成二进制浮点数（实数）的指令。

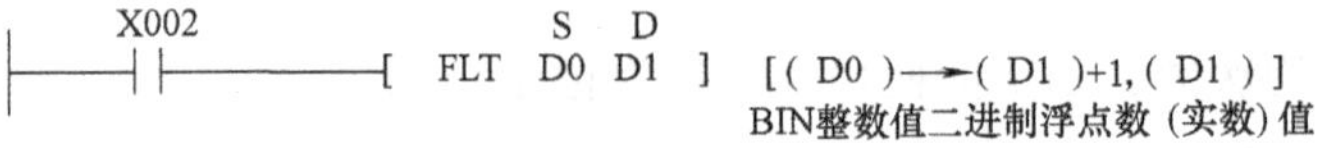

$$\vdash\!\!\vdash\!\!\dashv\ X002\ \quad \begin{array}{cc} S & D \end{array}\ [\ \text{FLT}\ \ D0\ \ D1\ ]\quad [\ (\ D0\ )\longrightarrow (\ D1\ )+1,(\ D1\ )\ ]$$

BIN整数值二进制浮点数（实数）值

图 5-81　二进制整数→二进制浮点数指令 FLT

S：保存 BIN 整数值的数据寄存器编号。D：保存二进制浮点数（实数）的数据寄存器编号。

（2）浮点数比较指令 ECMP　图 5-82 比较 2 个数据（二进制浮点数），将结果（大于、等于或小于）输出到位软元件（3 点）中的指令。

S1：保存要比较的二进制浮点数数据的软元件编号。S2：保存要比较的二进制浮点数数据的软元件编号。D：输出结果的起始位软元件编号（占用 3 点）。

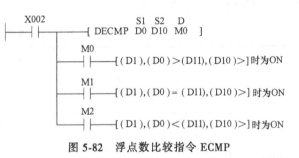

图 5-82　浮点数比较指令 ECMP

（3）浮点数加法指令 EADD　图 5-83 是 2 个二进制浮点数加法运算的指令。

S1：保存进行加法运算的二进制浮点数数据的字软元件编号。S2：保存进行加法运算的二进制浮点数数据的字软元件编号。D：保存加法运算后的二进制浮点数数据的数据寄存器编号。

（4）浮点数减法指令 ESUB　图 5-84 是 2 个二进制浮点数减法运算的指令。

图 5-83　浮点数加法指令 EADD　　　　　图 5-84　浮点数减法指令 ESUB

S1：保存执行减法运算的二进制浮点数数据的字软元件编号。S2：保存执行减法运算的二进制浮点数数据的字软元件编号。D：保存减法运算后的二进制浮点数数据。

（5）浮点数乘法指令 EMUL　图 5-85 是 2 个二进制浮点数乘法运算的指令。

S1：保存执行乘法运算的二进制浮点数数据的字软元件编号。S2：保存执行乘法运算的二进制浮点数数据的字软元件编号。D：保存乘法运算后的二进制浮点数数据的数据寄存器编号。

（6）浮点数除法指令 EDIV　图 5-86 是 2 个二进制浮点数除法运算的指令。

図 5-85　浮点数乘法指令 EMUL　　　　　　　図 5-86　浮点数除法指令 EDIV

S1：保存执行除法运算的二进制浮点数数据的字软元件编号。S2：保存执行除法运算的二进制浮点数数据的字软元件编号。D：保存除法运算后的二进制浮点数数据的数据寄存器编号。

5. 编写程序

编写读出模拟量数据的程序，如图 5-87 所示。

1）在 H＊＊＊＊ 中指定输入模式。

2）在□中输入单元号。

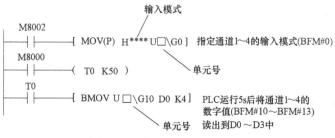

图 5-87　读出模拟量示例程序

3）传送程序，确认数据寄存器的内容。

4）传送程序，运行可编程序控制器。

5）将 4AD 中输入的模拟量数据表保存到可编程序控制器的数据寄存器（D0～D3）中。

6）确认数据是否保存在 D0～D3 中。

四、任务步骤

1）I/O 分配见表 5-18。

表 5-18　I/O 分配

输入	输出
表示电压值信号	Y000
表示电流值信号	Y001

2）接线图如图 5-70 和图 5-71 所示。

3）参考梯形图程序：

① 参考程序 1 如图 5-88 所示。

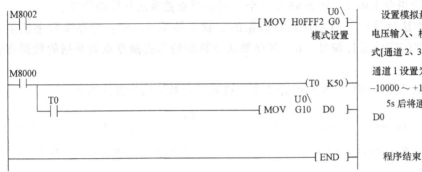

图 5-88　参考程序 1

② 参考程序 2 如图 5-89 所示。

```
M8002
 ┤├                               ┤ MOV  H0FFF5  U0\G0 ┣
M8000                                          设置模拟量输入模式为:通道1、
 ┤├                               ┤ (T0 K50) ┣         电流输入、模拟量值直接显示模
       T0                                U0\          式[通道2、3、4不用,设置为F;
       ┤├                         ┤ MOV  G10  D0 ┣     通道1设置为(数字量范围−4000
                                                       ～+20000)]
                                                       5s后将通道1采集的数据读出到D0
                                  ┤END ┣              程序结束
```

图 5-89　参考程序 2

③ 参考程序 3 如图 5-90 所示。

```
M8002                                    U0\
 ┤/├                          ┤MOV  H0FFF2  G0 ┣      设置模拟量输入模式为:通道1、
M8000                                                 电压输入模式[通道 2、3、4不用,
 ┤├                           ┤ (T0 K50) ┣           设置为F;通道1设置为(数字量
       T0                              U0\            范围 −10000～ +10000)]
       ┤├                     ┤MOV  G10  D0 ┣
                                       U0\           5s后将通道1采集100次的数据求
                              ┤MOV  K100  G2 ┣        平均值,最后将数据读出到D0
                              ┤FLT  D0  D2 ┣          将D0的数据进行浮点数转换后存
                                                      入D2
                              ┤DEDIV D2  E1000  D4 ┣  将D2的数据除以1000后的数值存
                                                      入D4
                              ┤DECMP E9  D4  M0 ┣     将D4的数据和9V作比较,若大于
       M2                                             9V则输出Y000
       ┤├                     ┤ (Y000) ┣
                              ┤END ┣                 程序结束
```

图 5-90　参考程序 3

④ 参考程序 4 如图 5-91 所示。

4）任务评价见表 5-19。

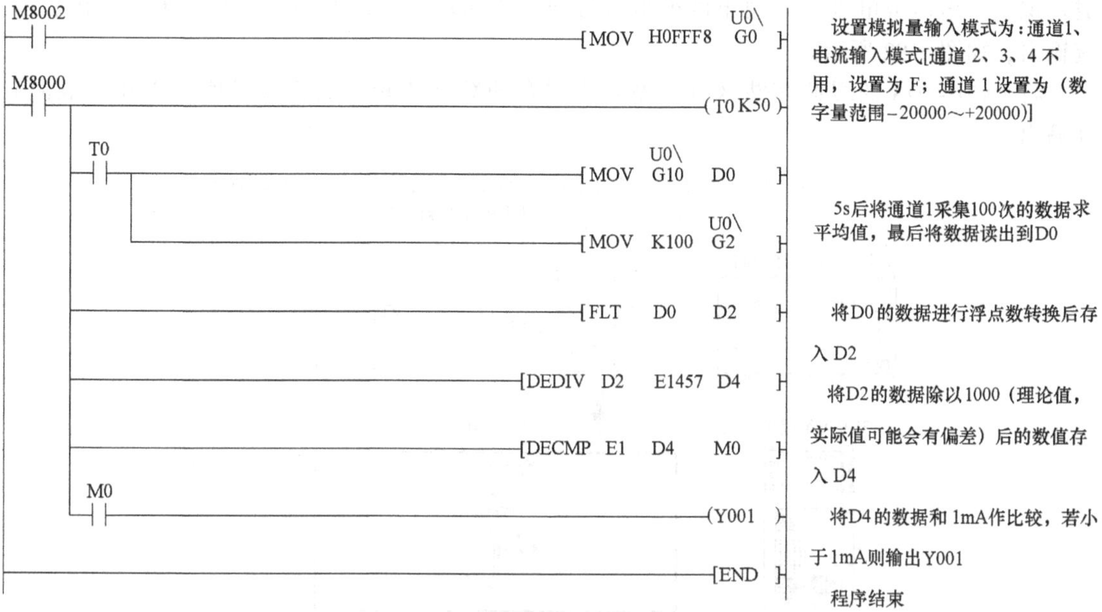

```
M8002
 | |                                              ┌MOV  H0FFF8  U0\G0┐

M8000
 | |                                                    (T0 K50)

      T0
      | |                                         ┌MOV  U0\G10  D0┐

                                                  ┌MOV  K100  U0\G2┐

                                                  ┌FLT  D0  D2┐

                                                  ┌DEDIV  D2  E1457  D4┐

                                                  ┌DECMP  E1  D4  M0┐

      M0
      | |                                               (Y001)

                                                       ┌END┐
```

设置模拟量输入模式为：通道1、电流输入模式[通道2、3、4不用，设置为F；通道1设置为（数字量范围-20000～+20000）]

5s后将通道1采集100次的数据求平均值，最后将数据读出到D0

将D0的数据进行浮点数转换后存入D2

将D2的数据除以1000（理论值，实际值可能会有偏差）后的数值存入D4

将D4的数据和1mA作比较，若小于1mA则输出Y001

程序结束

图 5-91 参考程序 4

表 5-19 任务评价

评估内容	评估标准	配分	得分
I/O 分配	正确理解 A/D 模块工作原理、合理分配 I/O 端子	10	
外部接线与布线	按照接线图，正确、规范接线	30	
梯形图设计	正确编写 PLC 程序	30	
程序检查与运行	下载、运行、监控正确的程序	10	
理解、总结能力	能正确理解实训任务，善于总结实训经验	10	
语言表达能力	清楚地表达实训操作步骤并合理解释实训现象	10	

子任务 5.2.2 D/A 模块应用

一、任务目标

掌握 FX3U-4DA 模块的接线方式、特殊软元件的使用与实训程序的设计。

二、任务要求

本实训通过存放在 PLC 寄存器中的数据（D0）= K-32000、（D1）= K20000、（D2）= K1、（D3）= K32000 经过 D/A 模块转换成模拟量[（D2）、（D3）= 电流；（D0）、（D1）= 电压]后由模块的通道输出。

三、相关知识介绍

1. 实训原理

将 FX3U-4DA 模块连接在 FX3U 系列 PLC 上，是将来自 PLC 的 4 个通道的数字量转换成模拟量（电压或电流）并输出的模拟量特殊功能模块，可以对各通道指定电压输出、电流输出，如图5-92所示。

将FX3U-4DA的缓冲存储区（BFM）中保存的数字值转换成模拟量值（电压、电流）并输出。

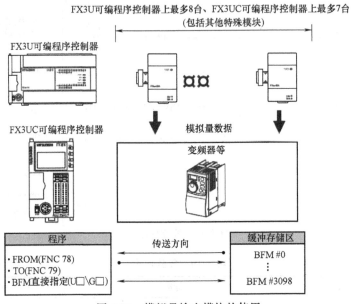

图5-92 模拟量输出模块的使用

FX3U-4DA的端子排列与含义如图5-93所示。

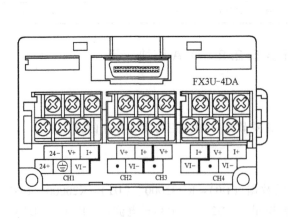

信号名称	用途
24+, 24−	DC 24V电源
⏚	接地端子
V+ ,VI−,I+	通道1模拟量输出
•	不接线
V+ ,VI−,I+	通道2模拟量输出
•	不接线
V+ ,VI−,I+	通道3模拟量输出
•	不接线
V+ ,VI−,I+	通道4模拟量输出

图5-93 FX3U-4DA的端子排列与含义

2. 模拟量输出部分的端子接线

模拟量输出模式中，各 CH（通道）可以使用电压输出、电流输出，外部接线图如图 5-94 所示。

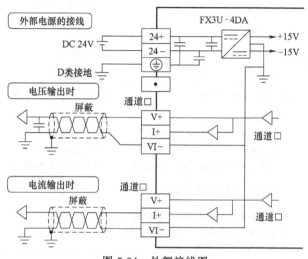

图 5-94　外部接线图

使用 FX3U 系列可编程序控制器的 DC 24V 供给电源接线图如图 5-95 所示。

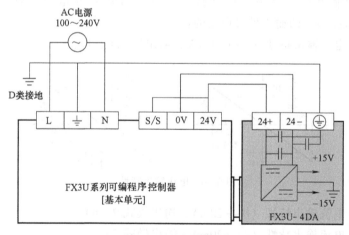

图 5-95　电源接线图

3. 电源规格及性能参数

1）电源规格见表 5-20。

表 5-20　电源规格

项目	规格
D/A 转换回路驱动单元	DC 24V±2.4V、160mA（需要从端子排供电 DC 24V）
CPU 部分驱动电源	DC 5V、120mA（由基本单元内部供电，因此不需要准备电源）

2）性能参数见表 5-21。

表 5-21　性能参数

项目	电压输出	电流输出
模拟量输出范围	DC −10~+10V (外部负载 1kΩ~1MΩ)	DC 0~20mA,4~20mA (外部负载 500Ω 以下)
偏置值	−10~+9V	0~+17mA
增益值	−9~+10V	3~+30mA
数字值输入	带符号 16 位二进制	15 位二进制
分辨率	0.32mV(20V/64000)	0.63μA(20mA/32000)
综合精度	环境温度 25℃±5℃ 针对满量程 20V,±0.3%(±60mV) 环境温度 ±55℃ 针对满量程 20V,±0.5%(±100mV)	环境温度 25℃±5℃ 针对满量程 20mA,±0.3%(±60μA) 环境温度 ±55℃ 针对满量程 20mA,±0.5%(±100μA)
D/A 转换时间	1ms(与使用的通道数无关)	
绝缘方式	模拟量输出部分和可编程序控制器之间,通过光耦隔离 模拟量输出部分和电源之间,通过 DC/DC 转换器隔离 各通道(ch)间不隔离	
输入、输出占用点数	8 点(在输入、输出点数中的任意一侧计算点数)	

FX3U-4DA 的输出特性分为电压特性（−10~+10V）和电流特性（0~20mA、4~20mA），它们是根据各自的输出模式设定的：

① 图 5-96 是电压输出特性（−10~+10V，输出模式 0、1）。

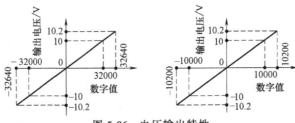

图 5-96　电压输出特性

② 图 5-97 是电流输出特性（0~+20mA，输出模式 2、4）。

③ 图 5-98 是电流输出特性（4~+20mA，输出模式 3）。

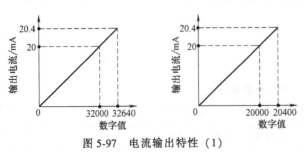

图 5-97　电流输出特性（1）　　　　　图 5-98　电流输出特性（2）

4. 模拟量输出的步骤

1）从左侧的特殊功能模块开始，依次分配单元号 0~7，如图 5-99 所示。

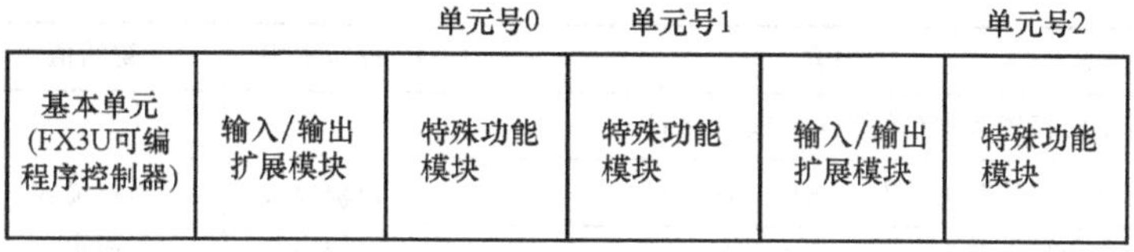

	单元号0		单元号1		单元号2
基本单元 (FX3U可编 程序控制器)	输入/输出 扩展模块	特殊功能 模块	特殊功能 模块	输入/输出 扩展模块	特殊功能 模块

图 5-99　模拟量模块分配

2）决定输出模式（BFM#0）的内容。根据连接的模拟量输入设备的规格，设定与之相符的各通道（CH）的输出模式（BFM#0）。

用十六进制数设定输出模式。在使用通道（CH）的相应位中，选择表 5-22 的输出模式进行设定，如图 5-100 所示。

表 5-22　输出模式设定

设定值	输出模式	模拟量输出范围	数字量输入范围
0	电压输出模式	$-10 \sim +10V$	$-32000 \sim +32000$
1	电压输出模拟量 mV 指定模式	$-10 \sim +10V$	$-10000 \sim +10000$
2	电流输出模式	$0 \sim 20mA$	$0 \sim 32000$
3	电流输出模式	$4 \sim 20mA$	$0 \sim 32000$
4	电流输出模拟量值 μA 指定模式	$0 \sim 20mA$	$0 \sim 20000$
F	通道不使用		

（BFM#0）输出模式的指定方法如下：

① 初始值（出厂时）：H0000。数据的处理：十六进制（H）。

② 指定通道 1～4 的输出模式。

③ 输出模式的指定采用 4 位数的 HEX 码，对各位分配各通道的编号。通过在各位中设定 0～4、F 的数值，可以改变输出模式，见表 5-21。

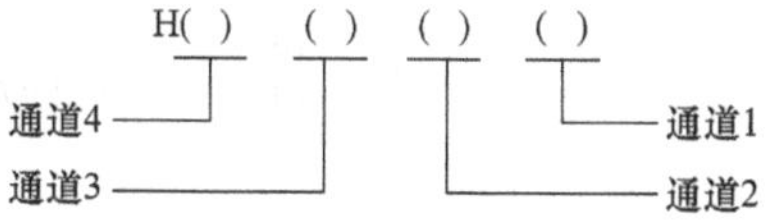

图 5-100　输出模式

3）FX3U-4DA 中的缓冲存储区见表 5-23。

表 5-23　FX3U-4DA 中的缓冲存储区

BFM 编号	内容	设定范围	初始值	数据的处理
#0	指定通道 1～4 的输出模式	*2	出厂时 H0000	十六进制
#1	通道 1 的输出数据	根据模式 而定	K0	十进制
#2	通道 2 的输出数据		K0	十进制
#3	通道 3 的输出数据		K0	十进制
#4	通道 4 的输出数据		K0	十进制
#5	可编程序控制器 STOP 时的输出设定	*3	H0000	十六进制
#6	输出状态		H0000	十六进制
#7、#8	不可以使用	—	K0	十进制
#9	通道 1～4 的偏置、增益设定值的写入指令	*4	K0	十进制

（续）

BFM 编号	内容	设定范围	初始值	数据的处理
#10	通道 1 的偏置数据（单位：mV 或者 μA）			十进制
#11	通道 2 的偏置数据（单位：mV 或者 μA）	根据模式	根据模式	十进制
#12	通道 3 的偏置数据（单位：mV 或者 μA）	而定	而定	十进制
#13	通道 4 的偏置数据（单位：mV 或者 μA）			十进制
#14	通道 1 的增益数据（单位：mV 或者 μA）			十进制
#15	通道 2 的增益数据（单位：mV 或者 μA）	根据模式	根据模式	十进制
#16	通道 3 的增益数据（单位：mV 或者 μA）	而定	而定	十进制
#17	通道 4 的增益数据（单位：mV 或者 μA）			十进制
#18	不可以使用	—	—	十进制

4）编写输出模拟量信号的程序格式如图 5-101 所示，参考程序如图 5-102 所示。

图 5-101 输出模拟量程序

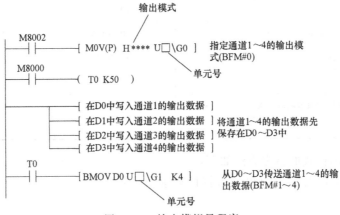

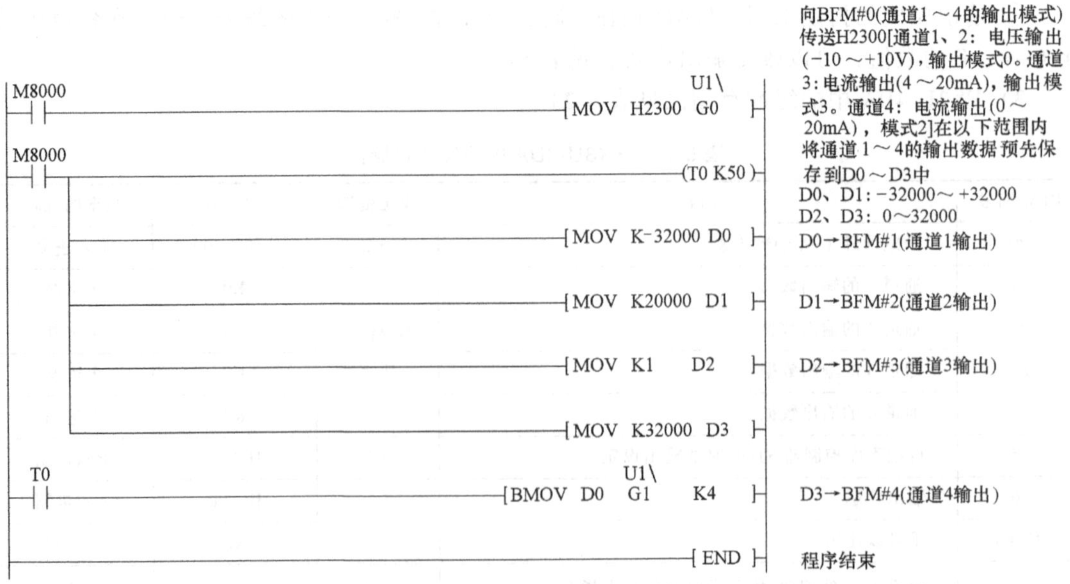

图 5-102 模拟量输出参考程序

四、任务步骤

1）接线图如图 5-94 和图 5-95 所示。

2）参考程序如图 5-102 所示。

3）任务评价见表 5-24。

表 5-24　任务评价

评估内容	评估标准	配分	得分
I/O 分配	合理分配 I/O 端子	10	
外部接线与布线	按照接线图,正确、规范接线	30	
梯形图设计	正确编写 PLC 程序	30	
程序检查与运行	下载、运行、监控正确的程序	10	
理解、总结能力	能正确理解实训任务,善于总结实训经验	10	
语言表达能力	清楚地表达实训操作步骤并合理解释实训现象	10	

五、任务拓展

利用 A/D 模块与变频器控制三相异步电动机正/反转。

（1）实训原理

1）模拟量输入规格的选择：模拟量电压输入所使用的端子 2 可以选择 0~5V（初始值）或 0~10V。

模拟量输入所使用的端子 4 可以选择电压输入（0~5V、0~10V）或电流输入（4~20mA 初始值）。

如需变更输入规格，要对应变更 Pr.267 和电压/电流输入切换开关，如图 5-103 所示。

端子 4 的额定规格随电压/电流输入切换开关的设定而变更。电压输入时，输入电阻 10kΩ ±1kΩ，最大允许电压 DC 20V；电流输入时，输入电阻 233kΩ±5kΩ，最大允许电流 30mA。

电流输入时(初始设定)

电压输入时

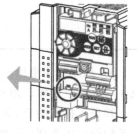

图 5-103　模拟量输入规格的选择

2）系统的构成：在 FX3U 系列可编程序控制器上连接了 FX3U-4DA（单元号：1）。变频器为三菱 FR-D700。

3）输出模式：设定通道 1（电压输出，−10000~+10000）。

（2）参数设置

1）通过模拟量输入（端子 2、4）设定频率，见表 5-25。

表 5-25　模拟量输入（端子 2、4）设定频率

目的	必须设定的参数	
电压、电流输入的选择(端子 2、4)通过模拟量输入来控制正、反转	模拟量输入选择	Pr.73(端子 2)、Pr.267(端子 4)

（续）

目的	必须设定的参数	
模拟量输入频率、电压（电流）的调整（校正）	频率设定电压（电流）的偏置和增益	Pr. 125、Pr. 126、Pr. 241、C2～C7（Pr. 902～Pr. 905）

2）模拟量输入选择（Pr. 73、Pr. 267）：根据模拟量输入端子的规格、输入信号来切换正转、反转的功能，见表 5-26。

表 5-26　模拟量输入选择

参数编号	名称	初始值	设定范围	内容	
Pr. 73	模拟量输入选择	1	0	端子 2 输入 0～10V	不可逆运行
			1	端子 2 输入 0～5V	
			10	端子 2 输入 0～10V	可逆运行
			11	端子 2 输入 0～5V	
Pr. 267	端子 4 输入选择	0		电压/电流输入切换开关	内容
			0	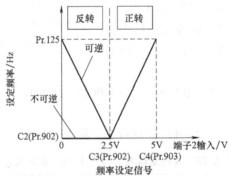	端子 4 输入 4～20mA
			1		端子 4 输入 0～5V
			2		端子 4 输入 0～10V

3）频率设定电压（电流）的偏置和增益：相对于频率设定信号（DC 0～5V、0～10V 或 4～20mA）的输出频率的大小（趋势）进行任意设定。

端子 4 执行的 DC 0～5V、0～10V、0～20mA 的切换通过 Pr. 267 以及电压/电流输入切换开关的设定来实现，如图 5-104 所示。

图 5-104　频率设定电压的偏置和增益

其中相关参数的具体设置见表 5-27。

表 5-27　频率设定电压的偏置和增益

参数编号	名称	初始值	设定范围	内容	
125	端子 2 频率设定增益频率	50Hz	0～400Hz	端子 2 输入增益(最大)的频率	
126	端子 4 频率设定增益频率	50Hz	0～400Hz	端子 4 输入增益(最大)的频率	
241	模拟量输入显示单位切换	0	0	% 显示	模拟量输入显示的单位
			1	V/mA 显示	
C2(902)	端子 2 频率设定偏置频率	0Hz	0～400Hz	端子 2 输入偏置侧的频率	
C3(902)	端子 2 频率设定偏置	0%	0%～300%	端子 2 输入偏置侧电压(电流)的%换算值	
C4(903)	端子 2 频率设定增益	100%	0%～300%	端子 2 输入增益侧电压(电流)的%换算值	
C5(904)	端子 4 频率设定偏置频率	0Hz	0～400Hz	端子 4 输入偏置侧的频率	
C6(904)	端子 4 频率设定偏置	20%	0%～300%	端子 4 输入偏置侧电流(电压)的%换算值	
C7(905)	端子 4 频率设定增益	100%	0%～300%	端子 4 输入增益侧电流(电压)的%换算值	

4）模拟量输入显示单位的切换（Pr.241）：可以切换模拟量输入偏置/增益校正时的模拟量输入显示单位（%/V/mA）。

根据 Pr.73、Pr.267 以及电压/电流输入切换开关中所设定的端子输入规格，可以按表 5-28 所列改变 C3（Pr.902）、C4（Pr.903）、C6（Pr.904）、C7（Pr.905）的显示单位。

表 5-28　模拟量输入显示单位的切换

模拟量指令(端子 2、4) (通过 Pr.73、Pr.267、电压/ 电流输入切换开关)	Pr.241 = 0(初始值)	Pr.241 = 1
0～5V 输入	0～5V　→0%～100%(0.1%)显示	0%～100%→0～5V(0.01V)显示
0～10V 输入	0～10V　→0%～100%(0.1%)显示	0%～100%→0～10V(0.01V)显示
0～20mA 输入	0～20mA→0%～100%(0.1%)显示	0%～100%→0～20mA(0.01mA)显示

（3）接线图　接线图如图 5-105 所示。

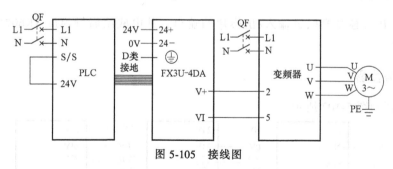

图 5-105　接线图

（4）变频器参数的设定　利用模拟量输入模式进行正转、反转控制（可逆运行）：

1）将变频器全部参数清零，即将 ALLC = 1。

2）设定变频器运行模式为外部/PU 组合运行模式 2（外部端子设置频率，面板控制启/停），即设置 Pr.79 = 4。

3）扩展参数显示，即设置 Pr.160 = 0。

4）设定上限频率为 50Hz，即设置 Pr.01 = 50.00。

5）设定下限频率为 0Hz，即设置 Pr.01 = 0。

6）设定模拟量输入选择可逆运行，即设置 Pr.73 = 10。

7）设定端子 2 的增益频率为 50Hz，即设置 Pr.125 = 50.00。

8）设定模拟量输入显示单位切换为 V/mA 显示，即设置 Pr.241 = 1。

9）设定端子 2 频率设定偏置频率，即设置 C2 = 0Hz。

10）调节端子 2 频率设定增益，即设置 C4 为 PLC 最大模拟电压值输入，直接控制 PLC 输出最大模拟电压（设置为 10000），变频器将自动读取当前电压值；PLC 模拟量输出 10V 或者 100%时，会因为线路电阻的原因或者模块的设置造成一些电压偏置问题，建议直接读取最大模拟输出电压而不是直接填写 10V 或者 100%。

11）设定端子 2 频率设定偏置，即设置 C3 为 PLC 最大模拟电压值输入的 1/2，直接控制 PLC 输出最大模拟电压的 1/2（设置为 5000），变频器将自动读取当前电压值。

（5）PLC 参考程序　PLC 参考程序如图 5-106 所示。

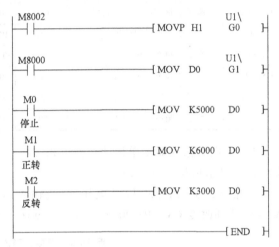

图 5-106　PLC 参考程序

子任务 5.2.3　模拟量模块的综合应用

一、任务目标

掌握模拟量输入/输出模块的接线方式、特殊软元件的使用及完成触摸屏显示与读取的设计。

二、任务要求

本实训用 PLC 控制模拟量输入/出模块的输出，并由威纶通触摸屏 TK6071ip 进行数据的显示与读取。

三、任务步骤

1）接线图如图 5-107 所示。

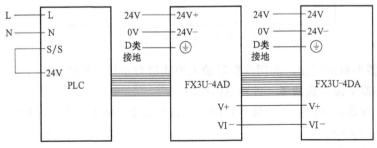

图 5-107　接线图

2）PLC 参考程序如图 5-108 所示。

图 5-108　PLC 参考程序

3）触摸屏页面设计如图 5-109 所示。

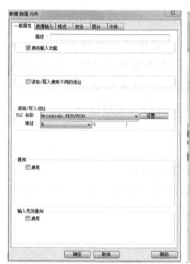

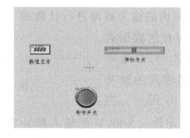

图 5-109　触摸屏页面设计

4）任务评价见表 5-29。

表 5-29　任务评价

评估内容	评估标准	配分	得分
外部接线与布线	按照接线图，正确、规范接线	10	
梯形图设计	正确编写 PLC 程序	30	
触摸屏设计	正确编写触摸屏程序	30	

（续）

评估内容	评估标准	配分	得分
程序检查与运行	下载、运行、监控正确的程序	10	
理解、总结能力	能正确理解实训任务,善于总结实训经验	10	
语言表达能力	清楚地表达实训操作步骤并合理解释实训现象	10	

任务5.3   高速处理指令及应用

子任务5.3.1   PLC控制步进电动机

一、任务目标

FX3U（FX3UC）系列可编程序控制器可以向伺服电动机、步进电动机等输出高速脉冲信号,从而进行定位控制。脉冲频率高的时候,电动机转得快;脉冲数多的时候,电动机转的转数多。用脉冲频率、脉冲数来设定定位对象（工件）的移动速度或者移动量。

掌握步进驱动器细分数的设定,通过PLC发出脉冲实现步进电动机定位控制。

二、任务要求

用PLC作为上位机控制步进电动机,当按下起动按钮,步进电动机以1s每周速度顺时针转动5周,停3s;逆时针以1s每周速度转动5周,停3s;如此循环进行。按下停止按钮,电动机循环结束后停止。

三、相关指令介绍

1. 速度检测指令 SPD

采用中断输入方式对指定时间内的输入脉冲进行计数的16位指令。源操作数［S1］只能取X000~X005,［S2］可取所有的数据类型,［D］可取T、C、D、V和Z。SPD指令用来检测在给定时间内从编码器输入的脉冲个数,并计算出速度。如图5-110所示,当

图5-110   速度检测指令

X010为ON时,它将［S1］指定元件（X000）的输入脉冲在［S2］指定的时间（100ms）内计数,并将其结果存入［D］指定的单元（D0）内。

2. 脉冲输出指令 PLSY

PLSY指令用于产生指定数量和频率的脉冲。［S1］指定脉冲频率（1~32767Hz）。［S2］指定脉冲个数,16位指令的脉冲数范围为1~32767（PLS）,32位指令的脉冲数范围为1~2147483647（PLS）。若指定脉冲数为0,则持续产生脉冲。［D］用来指定脉冲输出元件（只能用晶体管输出型PLC的Y000或Y001）。脉冲的占空比为50%,以中断方式输出。指定脉冲数输出完后,指令执行完成标志M8029置1。图5-111中X011由ON变为OFF时,M8029复位,脉冲输出停止。X011再次变为ON时,脉冲重新开始输出。在发出脉冲串期

间，X011 若变为 OFF，Y000 也变为 OFF。

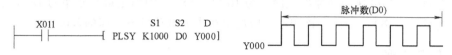

图 5-111　脉冲输出与脉宽调制指令

脉冲输出指令 PLSY 的源操作数 [S1]、[S2] 可取所有的数据类型，[D] 为 Y000 和 Y001。该指令只能使用 1 次。

FX3U 的输出频率可达 100kHz。Y000 或 Y001 输出的脉冲个数可分别通过 D8140、D8141 或 D8142、D8143 监视，脉冲输出的总数可用 D8136、D8137 监视。[S1] 和 [S2] 中的数据在指令执行过程中可以改变，但 [S2] 中数据的改变在指令执行完之前不起作用。

3. 脉宽调制指令 PWM

PWM 指令用于产生指定脉冲宽度和周期的脉冲串。[S1] 用来指定脉冲宽度（$t = 1 \sim 32767\text{ms}$），[S2] 用来指定脉冲周期（$T = 1 \sim 32767\text{ms}$），[S1] 应小于 [S2]；[D] 用来指定输出脉冲的元件号（Y000 或 Y001），输出的 ON/OFF 状态用中断方式控制。

脉宽调制指令 PWM 的源操作数和目标操作数的类型与 PLSY 指令相同，只能用于晶体管输出型 PLC 的 Y000 或 Y001，该指令只能使用 1 次。图 5-112 中 D10 的值从 0 ~ 50 变化时，Y000 输出的脉冲占空比从 0 到 1 变化。X012 变为 OFF 时，Y001 也 OFF。

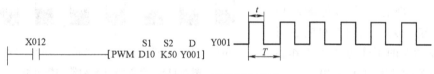

图 5-112　脉宽调制指令

4. 带加减速功能的脉冲输出指令 PLSR

带加减速功能的脉冲输出指令，对所指定的最高频率进行加速，到达指定的输出脉冲数时进行减速。PLSR 指令的源操作数 [S1]、[S2]、[S3] 可取所有的数据类型，[D] 为 Y000 和 Y001，只能用于晶体管输出型 PLC 的 Y000 或 Y001。该指令只能使用 1 次。

带加减速功能的脉冲输出指令，如图 5-113 所示。[S1] 指定最高频率，[S2] 指定总

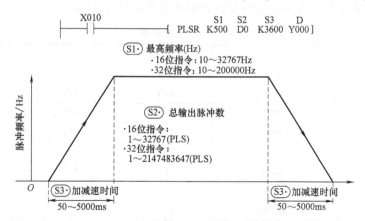

图 5-113　带加减速的脉冲输出指令

的输出脉冲数，［S3］指定加减速时间（5000ms 以下），［D］指定脉冲的输出元件号（Y000 或 Y001）。加减速的变速次数固定为 10 次，［S1］中指定最高频率的 1/10 为加减速的一次变速量（频率）。因此，该变速量应设定在步进电动机不失速的范围。

四、任务步骤

1）画接线图。画出 PLC、步进驱动器、步进电动机之间的接线图，如图 5-114 所示，并按图接线。

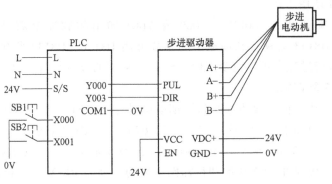

图 5-114　接线图

2）设置步进驱动器的细分数。在驱动器的顶部有一个白色的八位 DIP 功能设定开关（见图 5-115），可用来设定驱动器的工作方式和工作参数。DIP 开关的功能见表 5-30。

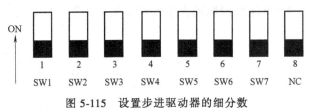

图 5-115　设置步进驱动器的细分数

表 5-30　DIP 开关的功能

开关序号	ON 功能	OFF 功能
SW1~SW3	输出电流设置用	输出电流设置用
SW4	静态电流全流	静态电流半流
SW5~SW7	细分设置用	细分设置用

细分设置见表 5-31，在本次实训中设置驱动器的细分为 3200。

表 5-31　细分设置

细分倍数	脉冲数/圈	SW5	SW6	SW7
1	200	ON	ON	ON
2	400	OFF	ON	ON
3	800	ON	OFF	ON
4	1600	OFF	OFF	ON
5	3200	ON	ON	OFF
6	6400	OFF	ON	OFF
7	12800	ON	OFF	OFF
8	25600	OFF	OFF	OFF

设置驱动器的输出电流、输出相电流见表5-32。因为驱动器可以输出多种电流等级，我们需设置步进电动机的电流大约等于步进电动机的额定电流。在本次实训中，设置驱动器的输出电流为1A。

表 5-32　驱动器输出电流设置

峰值电流/A	SW1	SW2	SW3
2.00	ON	ON	ON
1.75	OFF	ON	ON
1.50	ON	OFF	ON
1.25	OFF	OFF	ON
1.00	ON	ON	OFF
0.75	OFF	ON	OFF
0.50	ON	OFF	OFF
0.25	OFF	OFF	OFF

3）参考程序如图5-116所示。

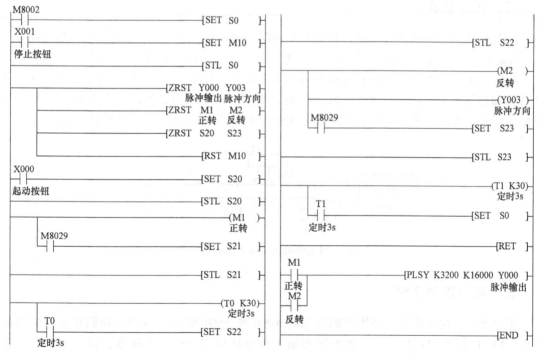

图 5-116　参考程序

4）程序调试。观察步进电动机是否按设定运行。

5）任务评价见表5-33。

表 5-33　任务评价

评估内容	评估标准	配分	得分
I/O 分配	合理分配 I/O 端子	10	
外部接线与布线	按照接线图,正确、规范接线	30	

（续）

评估内容	评估标准	配分	得分
梯形图设计	正确编写 PLC 程序	30	
程序检查与运行	下载、运行、监控正确的程序	10	
理解、总结能力	能正确理解实训任务,善于总结实训经验	10	
语言表达能力	清楚地表达实训操作步骤并合理解释实训现象	10	

子任务 5.3.2 PLC 控制伺服电动机定位控制

一、任务目标

伺服控制系统的功能很广,有速度控制模式、转矩控制模式、位置控制模式以及这三种模式的组合模式。本任务练习定位控制模式,通过实训理解定位控制模式下的伺服电动机的运行特点。

二、任务要求

以 PLC 作为上位机进行控制,控制要求如图 5-117 所示。按下回原点按钮,电动机以回归速度旋转,直到碰到近点信号后以爬行速度到零点信号停止;按下起动按钮,电动机旋转,拖动工作台从 A 点开始向右行驶 60mm 到达 B 点,停 2s,然后向左行驶返回 A 点,再停 2s,如此循环运行;断开起动按钮,工作台停止。画出控制原理图,设置运行参数,写出控制程序并进行调试。要求工作台移动的速度要达到 10mm/s。丝杠的螺距为 10mm。

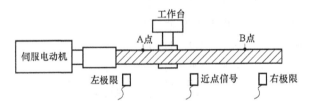

图 5-117 伺服电动机拖动工作台工作场景

三、相关指令介绍

定位指令:定位控制用晶体管输出型的 Y000 或 Y001 输出的脉冲来控制步进、伺服电动机。FX3U 系列 PLC 提供了内置的脉冲输出功能执行定位控制的指令,包括回原点指令 ZRN、DSZR,以及绝对定位指令 DRVA、相对定位指令 DRVI、可变速脉冲输出指令 PLSV 等。

可编程序控制器的定位指令,产生正转脉冲或者反转脉冲后,增减当前值寄存器的内容。

可编程序控制器的电源关闭后,当前值寄存器清零,因此上电后,一定要使机械位置和当前值寄存器的位置相吻合。在内置定位功能中,用机械原点回归用的 DSZR/ZRN 指令进行原点回归,使机械位置和可编程序控制器中的当前值寄存器相吻合。

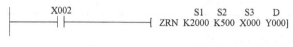

1. 回原点指令 ZRN

图 5-118 所示为执行原点回归，使机械位置与可编程序控制器内的当前值寄存器一致的指令。

```
      X002                              S1    S2   S3    D
  ─────┤├────────────────────────────┤ ZRN K2000 K500 X000 Y000]
```

图 5-118　回原点指令 ZRN

S1 为原点回归速度；S2 为爬行速度；S3 为近点信号；D 为输出脉冲。

原点回归速度设定范围：16 位运算时为 10～+32767Hz，32 位运算时为 10～+100000Hz。

爬行速度设定范围：10～+32767Hz。

脉冲输出：基本单元的晶体管输出 Y000、Y001、Y002。

例 5-16：以 10000 脉冲/s 的速度回原点，爬行速度为 200 脉冲/s，X000 为起动信号，X001 为原点信号，Y000 为脉冲输出，示例程序如图 5-119 所示。

```
   X000   M0
  ──┤├────┤/├──────────────────────────────[SET   M0 ]

   M0
  ──┤├────────────────────[ZRN   K10000 K200   X001   Y000 ]

   M8029
  ──┤├──────────────────────────────────────[RST   M0 ]

  ──────────────────────────────────────────[END ]
```

图 5-119　原点回归指令示例程序

2. 带搜索的回原点指令 DSZR

DSZR 是执行原点回归，使机械位置与可编程序控制器内的当前值寄存器一致的指令，参考程序如图 5-120 所示。

```
      X002                       S1   S2   D1   D2
  ─────┤├───────────────────┤ DSZR X000 X001 Y000 Y003  ]
```

图 5-120　带搜索的回原点指令 DSZR

S1 为近点信号；S2 为零点信号；D1 为输出脉冲；D2 为方向信号。

近点信号：爬行。

零点信号：停止；X000～X007，一般取伺服的 Z 相信号，定位更准。

脉冲输出：基本单元的晶体管输出 Y000、Y001、Y002。

指令说明：一旦执行回原点指令（连续接通），且以回归速度频率发负向脉冲遇到近点信号（S1），则速度降低到爬行速度离开近点信号（S1）后，接收到零点信号（S2）停止对应的当前位置寄存器，清零。

如果没有零点信号，则把零点信号和近点信号共用一个输入，工作台一离开近点就停止，和 ZRN 指令就一样了。

上面的指令里，没有包含回归速度和爬行速度，这两个参数需要另外给对应的辅助寄存器赋值，见表 5-34。

表 5-34 回归速度和爬行速度

参数	轴 1（Y000）	轴 2（Y001）	轴 3（Y002）
爬行速度	D8345	D8355	D8365
回归速度（双字）	（D8347）D8346	（D8357）D8356	（D8367）D8366

各轴对应的极限继电器见表 5-35。

表 5-35 各轴对应的极限继电器

极限类型	轴 1（Y000）	轴 2（Y001）	轴 3（Y002）
正转极限	M8343	M8353	M8363
反转极限	M8344	M8354	M8364

正、反转极限对于所有的定位指令都有效。如果正转极限为 ON 状态，PLC 就不能发正向脉冲；如果反转极限为 ON 状态，PLC 就不能发反向脉冲。

例 5-17：以 10000 脉冲/s 的速度回原点，爬行速度为 200 脉冲/s。X005 为起动信号，X001 为近点信号，X003 为停止信号（零点信号），Y000 为脉冲，Y004 为方向，参考程序如图 5-121 所示。

说明：

DSZR 指令支持 ZRN 指令中没有的功能，见表 5-36。

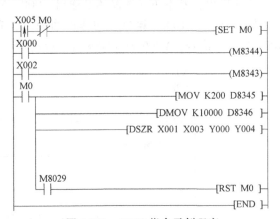

图 5-121 DSZR 指令示例程序

表 5-36 ZRN 与 DSZR 指令的区别

功能	DSZR 指令	ZRN 指令
DOG 搜索功能	√	×
DOG 信号的逻辑反转	√	×
使用零点信号的原点回归	√	×
零点信号的逻辑反转	√	×

3. 绝对定位指令 DRVA

图 5-122 所示为以绝对驱动方式执行单速定位的指令。用指定从原点（零点）开始的移动距离的方式，也称为绝对驱动方式。

S1 为输出脉冲个数（绝对位置）；S2 为输出脉冲的频率；D1 为输出脉冲的输出编号；D2 为脉冲的方向。

```
          S1     S2    D1   D2
  X002
  ├──┤├──────[ DRVA K10000 K2000 Y000 Y003]
```

图 5-122 绝对定位指令 DRVA

输出的脉冲数设定范围：16 位运算时为 $-32768 \sim +32767$；32 位运算时为 $-999999 \sim +999999$。

输出脉冲频率设定范围：16 位运算时为 $10 \sim +32767 \text{Hz}$；32 位运算时为 $10 \sim +100000 \text{Hz}$。

脉冲输出：基本单元的晶体管输出 Y000、Y001、Y002。

绝对位置的目标地址不能单纯地理解为脉冲数，而应该是最终定位的地址。也就是说，绝对位置定位后，对应当前值寄存器（D8341，D8340）和目标地址的值是一样的。

例 5-18：当前位置为 2000，以 2000 脉冲/s 的速度，绝对定位走至 10000 的位置，脉冲端子为 Y000，方向端子为 Y004，参考程序如图 5-123 所示。

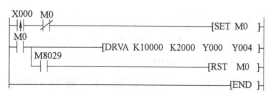

图 5-123　DRVA 指令示例程序

如果工作台的当前位置（D8341，D8340）处于 2000，上面的程序执行完后，工作台会走到 10000 的地方，实际上 PLC 只是正向发了 8000 个脉冲。走到 10000 位置后，再次接通定位，PLC 就不会再发脉冲了，因为已经到达绝对位置 10000 了。

绝对定位：就是不管当前在什么位置，只要一执行绝对定位指令，就一定会走到程序中指定的位置。

4. 相对定位指令 DRVI

图 5-124 所示为以相对驱动方式执行单速定位的指令。用带正或负的符号指定从当前位置开始移动距离的方式，也称为增量（相对）驱动方式。

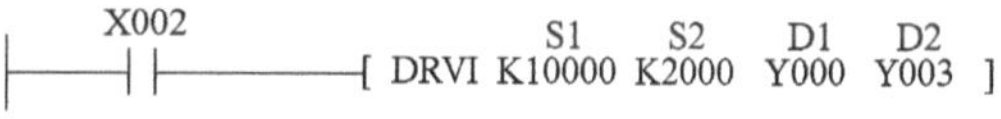

S1 为输出脉冲个数（相对位置）；S2 为输出脉冲的频率；D1 为输出脉冲的输出编号；D2 为脉冲的方向。

图 5-124　相对定位指令 DRVI

输出的脉冲数设定范围：16 位运算时为 −32768～+32767（0 除外）；32 位运算时为 −999999～+999999（0 除外）。

输出脉冲频率设定范围：16 位运算时为 10～+32767Hz；32 位运算时为 10～+100000Hz。

脉冲输出：基本单元的晶体管输出 Y000、Y001、Y002。

例 5-19：以 2000 脉冲/s 的频率正向发 10000 个脉冲，脉冲端子为 Y000，方向端子为 Y004，参考程序如图 5-125 所示。

例 5-20：以 1234 脉冲/s 的频率负向发 10000 个脉冲，脉冲端子为 Y000，方向端子为 Y004，参考程序如图 5-126 所示。

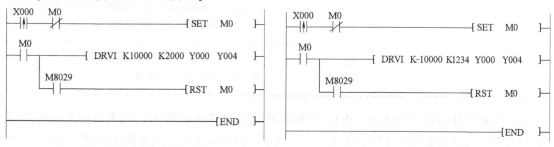

图 5-125　DRVI 指令示例程序 1　　　　　图 5-126　DRVI 指令示例程序 2

5. 可变速脉冲输出指令 PLSV

图 5-127 所示为输出带旋转方向的可变速脉冲的指令，该指令可以在速度变化时进行带加减速的动作。

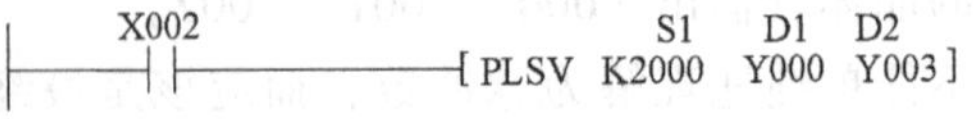

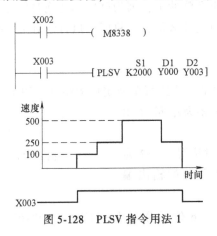

图5-127　可变速脉冲输出指令PLSV

S1为输出脉冲的频率；D1为输出脉冲的输出编号；D2为脉冲的方向。

输出脉冲频率设定范围：16位运算时为−32768～+32767Hz；32位运算时为−100000～−1Hz，+1～+100000Hz。

脉冲输出：基本单元的晶体管输出Y000、Y001、Y002。

在可变速脉冲输出（PLSV）指令中，有带加减速动作和无加减速动作。

在加减速动作M8338＝OFF时，如果可变速脉冲输出（PLSV）指令的输出脉冲频率变化，则输出频率无加速或者减速地发生变化，如图5-128所示。

图5-128　PLSV指令用法1

1）在S中指定输出脉冲的频率：即使在脉冲输出过程中，也能随意更改输出脉冲频率但是没有加减速动作，见表5-37。

16位运算的设定范围为−32768～−1Hz，+1～+32767Hz。

表5-37　S中指定输出脉冲的频率

S中指定的软元件的ON/OFF状态	旋转方向（当前值的增减）
ON	S中指定的中断后的输出脉冲数的值为正数时，正转。正转（通过D1的脉冲输出，当前值增加）
OFF	S中指定的中断后的输出脉冲数的值为负数时，反转。反转（通过D1的脉冲输出，当前值减少）

2）带加减速动作（M8338＝ON）：在加减速动作M8338＝ON时，如果可变加速脉冲输出（PLSV）指令的输出脉冲频率变化，则加速或者减速动作后，变为输出频率，如图5-129所示。

在脉冲输出过程中，如果将输出脉冲频率变为［K0］，那么可编程序控制器的脉冲输出，在带加减速时减速停止，在无加减速时立即停止。再次输出时，应从脉冲输出中标志（BUSY/READY）为OFF开始，经过1个运算周期以上后，再将输出脉冲频率设定（变更）

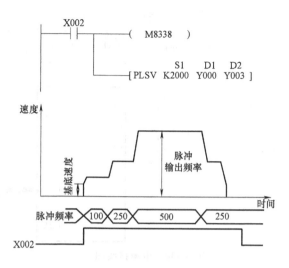

图 5-129 PLSV 指令用法 2

为 K0 以外的数值。

在脉冲输出过程中，不要改变输出脉冲频率的符号。如果想要变更，应先将输出脉冲频率设定为 [K0]，在通过伺服准备好信号等确认伺服电动机停止后，再改变输出脉冲频率。如果在脉冲输出过程中改变了输出脉冲频率的符号，那么因为发生如下动作，可能会损坏机械：

① 停止脉冲输出。

② 脉冲输出中标志位（BUSY/READY）为 OFF（脉冲输出停止，但是电动机没有马上停止）。

③ 根据输出脉冲频率中指定的频率和旋转方向动作。

3）在脉冲输出过程中，如果指令驱动触点断开，那么在带加减速时就减速停止；在无加减速时就立即停止，且此时执行结束标志位 M8029 不动作。

4）动作方向的极限标志位（正转或者反转）动作时，立即停止。此时，指令执行异常结束标志位（M8329）为 ON，结束指令的执行。

5）脉冲输出中监控（BUSY/READY）为 ON 时，使用该输出的定位用指令（包括 PLSR、PLSY）不能执行。此外，即使指令驱动触点为 OFF，在脉冲输出中监控（BUSY/READY）为 ON 期间，不要执行指定了同一输出编号的定位指令（包括 PLSR、PLSY）。

6）指令执行结束后，旋转方向信号输出 OFF。

7）如果加减速动作有效，那么所有脉冲输出端软元件中使用的可变速脉冲输出（PLSV）指令的动作都带加减速。不能对每个脉冲输出端软元件作指定。

四、任务步骤

1）画出控制系统的原理图并接线。

① 系统控制主电路。电源接线图如图 5-130 所示。

② 系统控制回路如图 5-131 所示。

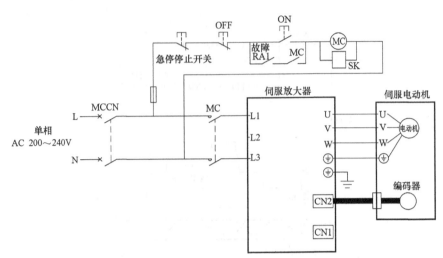

图 5-130　电源接线图

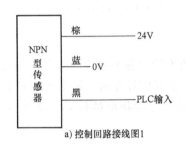

a) 控制回路接线图1

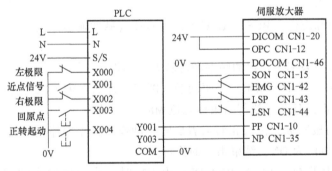

b) 控制回路接线图2

图 5-131　控制回路接线图

2）参数设置。伺服驱动器参数设置见表 5-38。将参数设定完毕后，把系统断电，重新起动，则参数有效。

表 5-38　伺服驱动器参数设置

参数	名称	出厂值	设定值	说明
PA01	运行模式	1000	1000	设置成位置控制模式
PA05	每转指令输入脉冲数	10000	2500	电动机转一周需要 2500 个脉冲
PA13	指令脉冲输入形态	0100	0311	指令输入脉冲串选择
PA21	功能选择 A-3	0001	1001	设定每转所需脉冲数有效

3) 参考程序如图 5-132 所示。

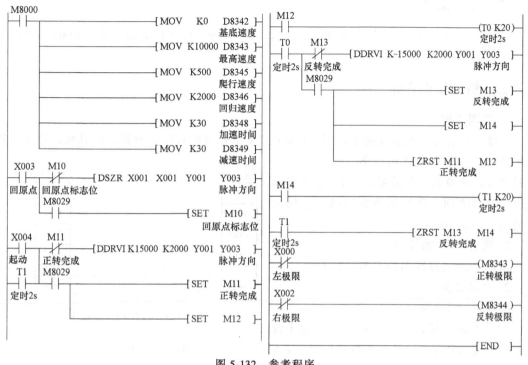

图 5-132 参考程序

4）开始运行。观测电动机的运行情况，每次转动时是否转 6 周，停止位置是否和起动位置重叠。

5）任务评价见表 5-39。

表 5-39　任务评价

评估内容	评估标准	配分	得分
I/O 分配	合理分配 I/O 端子	10	
外部接线与布线	按照接线图,正确、规范接线	30	
梯形图设计	正确编写 PLC 程序	30	
程序检查与运行	下载、运行、监控正确的程序	10	
理解、总结能力	能正确理解实训任务,善于总结实训经验	10	
语言表达能力	清楚地表达实训操作步骤并合理解释实训现象	10	

任务 5.4　网络通信指令及应用

子任务 5.4.1　并联通信应用

一、任务目标

了解并掌握 1∶1 并联通信的接线方式、特殊软元件的使用与通信程序的设计。

二、任务要求

PLC1 的开关（X000）控制 PLC2 上的指示灯（Y001），PLC2 的开关（X001）去控制 PLC1 上的指示灯（Y000）。

三、相关知识介绍

1. 实训原理

并联连接功能，就是连接 2 台同一系列的 FX 系列可编程序控制器，且其软元件相互连接的功能。根据要连接的点数，可以选择普通模式和高速模式，在最多 2 台 FX 系列可编程序控制器之间自动更新数据连接，总延长距离最大可达 500m。

2. 两台 PLC 的接线

两台 PLC 的接线图如图 5-133 所示。

3. 技术参数

特殊软元件参数：

（1）并联连接设定用的软元件　用于设定并联连接的软元件，使用并联连接时，必须设定表 5-40 所列的软元件。

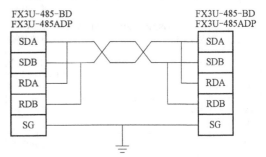

图 5-133　两台 PLC 的接线图

表 5-40　设定并联连接的软元件

软元件	名　称	内　容
M8070	设定为并联连接主站	置 ON 时,作为主站链接
M8071	设定为并联连接从站	置 ON 时,作为从站链接
M8178	通道的设定	设定要使用的通信口的通道(使用 FX3U、FX3UC 时)
D8070	判断为出错的时间/ms	设定判断并联连接数据通信出错的时间(初始值:500)

（2）判断并联连接出错用的软元件　表 5-41 用于判断并联连接的出错。应将链接出错输出到外部，并在顺空程序中作为互锁等使用。

表 5-41　判断并联连接出错用的软元件

软元件	名　称	内　容
M8072	并联连接运行中	在并联连接运行时置 ON
M8073	主站/从站的设定异常	主站或是从站的设定内容中有误时置 ON
M8063	链接出错	通信出错时置 ON

表 5-42 是位软元件与字软元件的使用。

表 5-42　位软元件与字软元件

模式	普通并联连接模式		高速并联连接模式	
	位软元件(M)	字软元件(D)	位软元件(M)	字软元件(D)
站号	各站 100 点	各站 10 点	0 点	各站 2 点
主站	M800~M899	D490~D499	—	D490,D491
从站	M900~M999	D500~D509	—	D500,D501

1) 普通并联连接模式如图 5-134 所示。

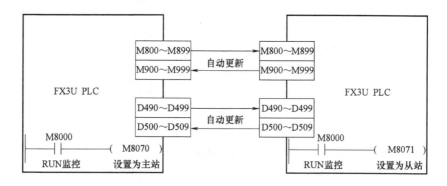

图 5-134　普通并联连接模式

2) 高速并联连接模式如图 5-135 所示。

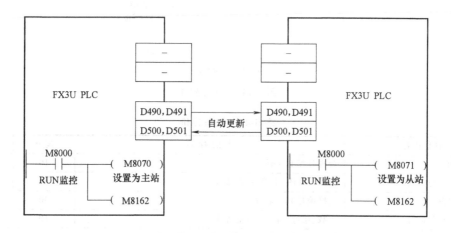

图 5-135　高速并联连接模式

四、任务步骤

1) I/O 分配见表 5-43。

表 5-43　I/O 分配

输入		输出	
X000	PLC1 输入信号	PLC1 输出信号	Y000
X001	PLC2 输入信号	PLC2 输出信号	Y001

2) 接线图如图 5-133 所示。

3) PLC 参考程序如图 5-136 所示。

4) 任务评价见表 5-44。

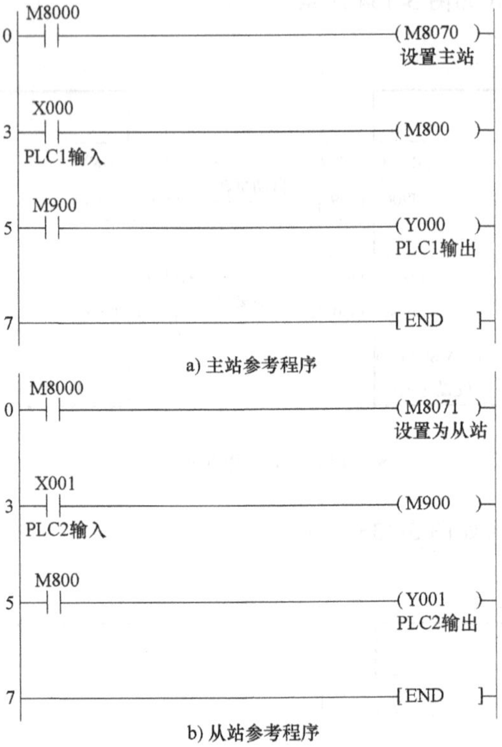

a) 主站参考程序

b) 从站参考程序

图 5-136　参考程序

表 5-44　任务评价

评估内容	评估标准	配分	得分
I/O 分配	合理分配 I/O 端子	10	
外部接线与布线	按照接线图,正确、规范接线	30	
梯形图设计	正确编写 PLC 程序	30	
程序检查与运行	下载、运行、监控正确的程序	10	
理解、总结能力	能正确理解实训任务,善于总结实训经验	10	
语言表达能力	清楚地表达实训操作步骤并合理解释实训现象	10	

五、任务拓展

在高速模式下,当主站的计算结果 (D0+D2) 是 100 或者更小时,从站的 Y001 接通,从站点的 D10 的值被用来设置主站点中的计时器 (T0) 的设定值。

1) 高速并联连接模式如图 5-135 所示。

2) PLC 程序如图 5-137 所示。

子任务 5.4.2　N∶N 网络通信应用

一、任务目标

了解并掌握 N∶N 网络通信的接线方式、特殊软元件的使用与通信程序的设计。

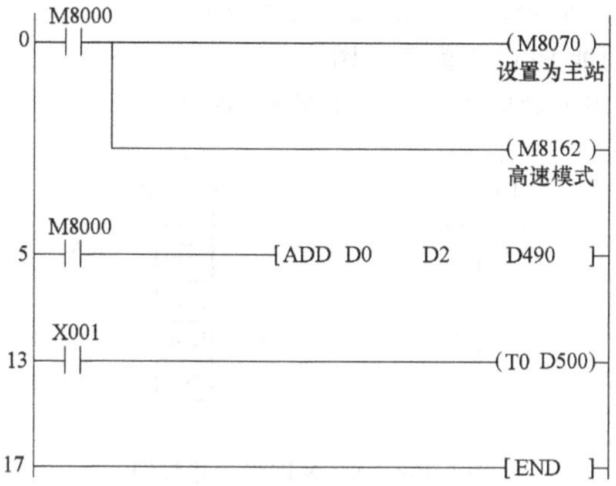

a) 主站参考程序

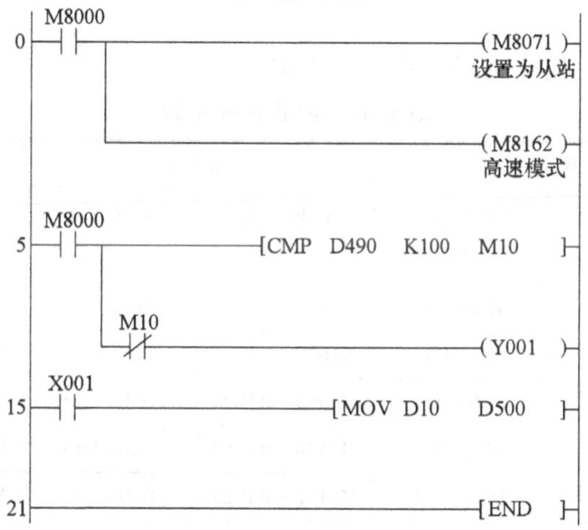

b) 从站参考程序

图 5-137 参考程序

二、任务要求

用三台 FX3U 系列 PLC 构成一个 N：N 网络。

1）主站上 X010～X017 的状态要在从站 1 的 Y000～Y007 上显示。

2）主站上 X020～X027 的状态要在从站 2 的 Y010～Y017 上显示。

3）主站上 D0～D7 的数值在从站 1 和从站 2 中的 D100～D107 能读出。

4）从站 1 的 X000～X007 的状态通过主站的 Y010～Y017 和从站 2 的 Y020～Y027 显示。

5）从站 2 的 X010～X017 的状态能通过主站和从站 1 的 Y020～Y027 显示。

三、相关知识介绍

1. 实训原理

N：N 网络功能，就是在最多 8 台 FX 系列可编程序控制器之间，通过 RS-485 通信连接，进行软元件相互链接的功能。根据要链接的点数，有三种模式可以选择。数据的链接是在最多 8 台 FX 系列可编程序控制器之间自动更新，总延长距离最多可达 500m（仅限于

485ADP 构成的情况，如果是 485BD 的情况下为 50m）。

2．N：N 网络通信功能 PLC 之间接线图

N：N 网络的接线采用 1 对接线方式，如图 5-138 所示。

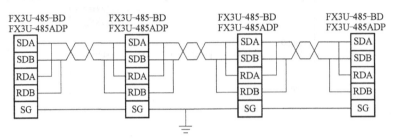

图 5-138　N：N 网络的接线图

3．技术参数

（1）模式选择参数　模式选择参数见表 5-45。

表 5-45　模式选择参数

站号		模式 0		模式 1		模式 2	
		位软元件（M）	字软元件（D）	位软元件（M）	字软元件（D）	位软元件（M）	字软元件（D）
		0 点	各站 4 点	各站 32 点	各站 4 点	各站 64 点	各站 8 点
主站	站号 0	—	D0~D3	M1000~M1031	D0~D3	M1000~M1063	D0~D7
从站	站号 1	—	D10~D13	M1064~M1095	D10~D13	M1064~M1127	D10~D17
	站号 2	—	D20~D23	M1128~M1159	D20~D23	M1128~M1191	D20~D27
	站号 3	—	D30~D33	M1192~M1223	D30~D33	M1192~M1255	D30~D37
	站号 4	—	D40~D43	M1256~M1287	D40~D43	M1256~M1319	D40~D47
	站号 5	—	D50~D53	M1320~M1351	D50~D53	M1320~M1383	D50~D57
	站号 6	—	D60~D63	M1384~M1415	D60~D63	M1384~M1447	D60~D67
	站号 7	—	D70~D73	M1448~M1479	D70~D73	M1448~M1511	D70~D77

（2）特殊软元件参数　N：N 网络设定用的软元件。使用 N：N 网络时，必须设定表 5-46 所列的软元件。

表 5-46　特殊软元件参数

软元件名称	功能	内容	设定值
M8038	参数设定	通信参数设定的标志位 也可以作为确认有无 N：N 网络程序用的标志位 在顺控程序中请勿置 ON	
M8179	通道设定	设定所使用的通信口的通道（使用 FX3U、FX3UC 时） 请在顺控程序中设定 无程序：通道 1　有 OUTM8179 的程序：通道 2	
D8176	相应站号的设定	N：N 网络设定使用时的站号 主站设定为 0，从站设定为 1~7（初始值：0）	0~7

软元件名称	功能	内容	设定值
D8177	从站总数的设定	设定从站的总站数 从站的可编程序控制器中无须设定(初始值:7)	1~7
D8178	刷新范围的设定	选择要相互进行通信的软元件点数的模式 从站的可编程序控制器中无须设定(初始值:0) 当混合有 FX0N、FX1S 系列时,仅可以设定模式 0	0~2
D8179	重试次数	在即使重复指定次数的通信也没有响应的情况下,可以确认出错,以及其他站出错 从站的可编程序控制器中无须设定(初始值:3)	0~10
D8180	监视时间	设定用于判断通信异常的时间(50~2550ms) 以 10ms 为单位进行设定。从站的可编程序控制器中无须设定(初始值:5)	5~255

①模式 0 时:

站号	0 站号 (主站)	1 站号	2 站号	3 站号	4 站号	5 站号	6 站号	7 站号
字软元件 (各 4 点)	D0~D3	D10~D13	D20~D23	D30~D33	D40~D43	D50~D53	D60~D63	D70~D73

②模式 1 时:

站号	0 站号 (主站)	1 站号	2 站号	3 站号	4 站号	5 站号	6 站号	7 站号
位元件 (各 32 点)	M1000~ M1031	M1064~ M1095	M1128~ M1159	M1192~ M1223	M1256~ M1287	M1320~ M1351	M1384~ M1415	M1415~ M1446
字软元件 (各 4 点)	D0~D3	D10~D13	D20~D23	D30~D33	D40~D43	D50~D53	D60~D63	D70~D73

③模式 2 时:

站号	0 站号 (主站)	1 站号	2 站号	3 站号	4 站号	5 站号	6 站号	7 站号
位元件 (各 64 点)	M1000~ M1063	M1064~ M1127	M1128~ M1191	M1192~ M1255	M1256~ M1319	M1320~ M1383	M1384~ M1447	M1448~ M1511
字软元件 (各 8 点)	D0~D7	D10~D17	D20~D27	D30~D37	D40~D47	D50~D57	D60~D67	D70~D77

4. 控制要求分析

在模式 2 情况下控制要求分析如图 5-139 所示。

四、任务步骤

1) 接线图如图 5-138 所示。

2) PLC 程序如图 5-140 所示。

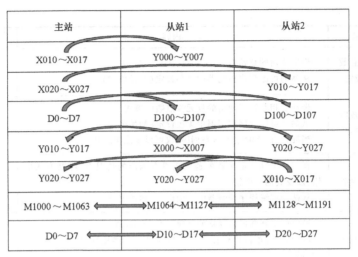

图 5-139　控制要求分析图

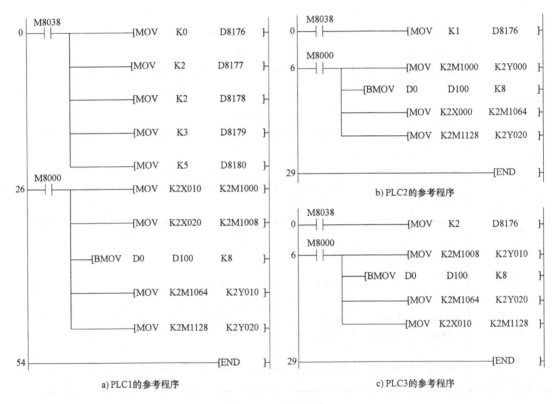

图 5-140　参考程序

3）任务评价见表 5-47。

表 5-47　任务评价

评估内容	评估标准	配分	得分
I/O 分配	合理分配 I/O 端子	10	
外部接线与布线	按照接线图,正确、规范接线	30	

评估内容	评估标准	配分	得分
梯形图设计	正确编写 PLC 程序	30	
程序检查与运行	下载、运行、监控正确的程序	10	
理解、总结能力	能正确理解实训任务,善于总结实训经验	10	
语言表达能力	清楚地表达实训操作步骤并合理解释实训现象	10	

子任务 5.4.3 通过 485 通信控制变频器运行

一、任务目标

掌握用 485 通信控制变频器的控制原理与运行。

二、任务要求

1. 掌握 PLC 485 通信端口与变频器 PU 端的线路连接。
2. 掌握变频器和 PLC 通信参数设置。
3. 掌握变频器通信控制命令代码。
4. 掌握变频器专用通信指令的使用。

三、相关知识介绍

1. 控制要求

通过 PLC 通信方式来控制变频器运行,X000 控制变频器的停止,X001 控制变频器的正转,X002 控制变频器的反转。此外,通过更改数据寄存器 D10 的内容来改变变频器的运行速度。

2. 变频器 PU 端和 PLC485 通信端的线路连接

1) PU 接口插针排列与含义如图 5-141 所示。

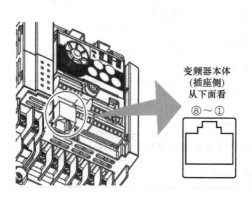

插针编号	名称	含义
①	SG	接地(与端子5导通)
②	—	参数单元电源
③	RDA	变频器接收+
④	SDB	变频器发送−
⑤	SDA	变频器发送+
⑥	RDB	变频器接收−
⑦	SG	接地(与端子5导通)
⑧	—	参数单元电源

变频器本体
(插座侧)
从下面看
⑧～①

图 5-141 PU 接口插针排列与含义

2) PLC 与变频器的通信控制接线图如图 5-142 所示。

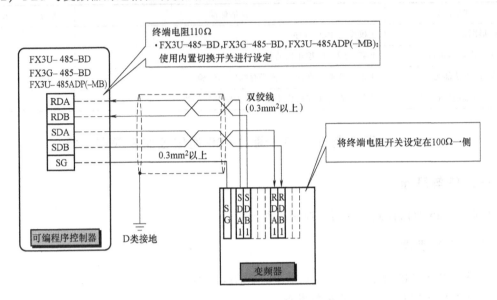

图 5-142　PLC 与变频器的通信控制接线图

3. 变频器参数设置

三菱 FR-D700 变频器的通信参数设置见表 5-48。

表 5-48　三菱 FR-D700 变频器通信参数设置

序号	变频器参数	设置值	说明
1	Pr.79	0	运行模式:参数运行
2	Pr.117	0	通信站号,最多可连接 8 台
3	Pr.118	192	通信速率 19200bit/s
4	Pr.119	10	数据长度:7 位　停止位:1 位
5	Pr.120	2	奇偶校验　　　　2 为偶校验
6	Pr.121	9999	通信再试次数　不报警停机
7	Pr.122	9999	通信校验时间间隔
8	Pr.123	9999	在通信数据中设定
9	Pr.124	1	CR:有　　　LF:无
10	Pr.549	0	选择协议:三菱变频器(计算机链接)协议
11	Pr.340	1 或 10	选择通信启动模式

注意:参数设置完成后,断电重启。

4. PLC 参数设置

PLC 端的参数设置应与变频器通信参数设置一致,如图 5-143 所示。

a) PLC端的参数设置1

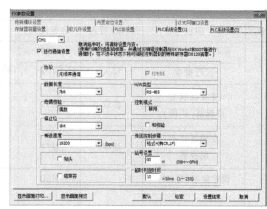
b) PLC端的参数设置2

图 5-143　PLC 端的参数设置

5. 变频器控制命令代码

变频器控制命令代码见表 5-49。

表 5-49　变频器控制命令代码

No.	项目		读取/写入	命令代码	数据内容	数据位数(格式)
1	运行模式		读取	H7B	H0000:网络运行 H0001:外部运行	4 位(B,E/D)
			写入	HFB	H0002:PU 运行	4 位(A,C/D)
2	监视器	输出频率 /转速	取	H6F	H0000~HFFFF:输出频率,单位 0.01Hz 转速单位 0.001(Pr. 37 = 0.01~9998 时) 将 Pr. 37 设定为"0.01~9998",并将命令 代码 HFF 设定为"01"时,数据格式为 E2。 设定 Pr. 52 ="100"时,停止中与运行中的 监视值不同	4 位、6 位 (B,E,E2/D)
		输出电流	读取	H70	H0000~HFFFF:输出电流(十六进制) 单位 0.01A	4 位(B,E/D)
		输出电压	读取	H71	H0000~HFFFF:输出电压(十六进制) 单位 0.1V	4 位 (B,E/D)
		特殊监视器	读取	H72	H0000~HFFFF:通过命令代码 HF3 选择 的监视器数据	4 位、6 位 (B,E,E2/D)
		特殊监视 器选择 No	读取	H73	H01~H40:监视器选择数据	2 位(B,E1/D)
			写入	HF3		2 位(A1,C/D)
		异常内容	读取	H74~H77	H0000~HFFFF:过去 2 次的异常内容 参照异常数据表 　　　b15　　　b8　b7　　　b0 H74 | 1 次前的异常 | 最新异常 | H75 | 3 次前的异常 | 2 次前的异常 | H76 | 5 次前的异常 | 4 次前的异常 | H77 | 7 次前的异常 | 6 次前的异常 |	4 位(B,E/D)

（续）

No.	项目	读取/写入	命令代码	数据内容	数据位数（格式）
3	运行指令（扩展）	写入	HF9	正转信号（STF）以及反转信号（STR）等的控制输入指令	4 位（A,C/D）
	运行指令	写入	HFA		2 位（A1,C/D）
4	变频器状态监视器（扩展）	读取	H79	监视正转、反转中以及变频器运行中（RUN）等的输出信号的状态	4 位（B,E/D）
	变频器状态监视器	读取	H7A		2 位（B,E1/D）
5	设定频率（RAM）	读取	H6D	设定频率/从 RAM 或 EEPROM 读取转速 H0000～HFFFF：设定频率，单位 0.01Hz 转速单位 0.001（Pr.37 = 0.01～9998 时） 将 Pr.37 设定为"0.01～9998"，并将命令代码 HFF 设定为"01"时，数据格式为 E2	4 位、6 位（B,E,E2/D）
	设定频率（EEPROM）		H6E		
	设定频率（RAM）	写入	HED	设定频率/将转速写入 RAM 或 EEPROM H0000～H9C40（0～400.00Hz）：频率单位 0.01Hz，转速单位 0.001（Pr.37 = 0.01～9998 时） 将 Pr.37 设定为"0.01～9998"，并将命令代码 HFF 设定为"01"时，数据格式为 A2。 需要连续变更设定频率时，写入到参数的 RAM 中（命令代码：HED）	4 位、6 位（A,A2,C/D）
	设定频率（RAM,EEPROM）		HEE		
6	变频器复位	写入	HFD	H9696：变频器复位 通过计算机进行通信后，变频器会复位，因此无法向计算机发送回复数据	4 位（A,C/D）
				H9966：变频器复位 正常发送时，变频器在向计算机回复 ACK 数据后复位	4 位（A,D）
7	异常内容一次性清除	写入	HF4	H9696：异常历史的一次性清除	4 位（A,C/D）
8	参数清除全部清除	写入	HFC	各参数将返回到初始值 可根据数据选择是否清除通信用参数（O：清除；×：不清除） 表格见下 使用 H9696、H9966 执行清除后，通信相关的参数设定也会恢复到初始值，因此重新开始运行时必须重新设定参数 执行清除后，命令代码 HEC、HF3、HFF 的设定也会被清除	4 位（A,C/D）

No.8 数据内容中的表格：

清除种类	数据	通信用参数
参数清除	H9696	O
	H5A5A	×
参数全部清除	H9966	O
	H55AA	×

No.	项目		读取/写入	命令代码	数据内容	数据位数（格式）
9	参数		读取	H00~H63	参照命令代码，根据需要写入、读取 设定 Pr.100 以后的参数时，需要进行链 接参数扩展设定 Pr.37 读取、写入的数据格式为 E2、A2	4 位（B,E/D） 6 位（B,E2/D）
10			写入	H80~HE3		4 位（A,C/D） 6 位（A2,C/D）
11	链接参数 扩展设定		读取	H7F	根据 H00~H09 的设定，进行参数内容的 切换，具体设定值参照命令代码	2 位（B,E1/D）
			写入	HFF		2 位（A1,C/D）
12	第 2 参数切换 （命令代码 HFF = 1、9）		读取	H6C	设定校正参数时 H00：频率 H01：通过参数设定的模拟值 H02：通过端子输入的模拟值 增益频率也可以通过 Pr.125（命令代码 H99）、Pr.126（命令代码 H9A）写入	2 位（B,E1/D）
			写入	HEC		2 位（A1,C/D）
13	多个命令		写入/读取	HF0	可以写入 2 种命令，作为读取数据，可以 进行 2 种监视	10 位（A3,C1/D）
14	机型 信息监 视器	机型 名称	读取	H7C	能够以 ACSII 代码读取机型名称 空白部分设定为"H20"（空白代码） 例：使用"FR-D740"时，H46,H52,H2D, H44,H37,H34,H30,H20,…,H20	20 位（B,E3/D）
		容量	读取	H7D	能够以 ACSII 代码读取变频器容量。读 取数据以 0.1kW 为单位，0.01kW 单位部分 舍去 空白部分设定为"H20"（空白代码） 例：0.4K…"4"（H20,H20,H20,H20, H20,H34） 0.75K…"7"（H20,H20,H20,H20,H20, H37）	6 位（B,E2/D）

6. 变频器通信控制专用指令

专用指令见表 5-50。

表 5-50　专用指令

指令	功能	指令	功能
IVCK	变频器的运行监视	IVWR	写入变频器的参数
IVDR	变频器的运行控制	IVBWR	变频器参数的成批写入
IVRD	读出变频器的参数		

（1）通信指令格式　通信指令格式如图 5-144 所示。

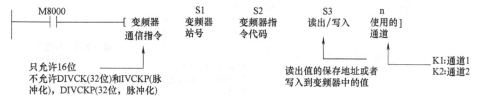

图 5-144　通信指令格式

（2）指令详解

1）IVCK 变频器的运行监视，举例介绍如图 5-145 所示。

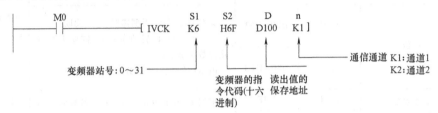

图 5-145　IVCK 指令

说明：程序中 M0 接通过后，IVCK 运行监视指令将 6 号站的变频器当前运行频率保存在数据寄存器 D100 中，通过 D100 中的数据就能监视变频器的当前频率（程序中 H6F 是变频器控制代码，表示的含义为变频器输出频率）。

2）IVDR 变频器的运行控制，举例介绍如图 5-146 所示，以及命令代码 HFA 的 8 位具体控制内容见表 5-51。

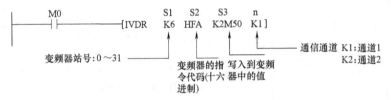

图 5-146　IVDR 指令

表 5-51　命令代码 HFA 的 8 位具体控制内容

项目	命令代码	位长	内　容	举例
运行指令	HFA	8 位	b0：AU（电流输入选择） b1：正转指令 b2：反转指令 b3：RL（低速指令） b4：RM（中速指令） b5：RH（高速指令） b6：RT（第 2 功能选择） b7：MRS（输出停止）	例 1：H02 = 正转 00000010 例 2：H00 = 停止 00000000

说明：程序中 M0 接通过后，IVDR 运行控制指令将根据 M50～M57 这 8 位辅助继电器的状态来控制 6 号站的变频器的运行。假设 M51 = 1，其他 7 位均为 0，这时变频器将正转运行。

3）IVRD 读出变频器的参数，举例介绍如图 5-147 所示。

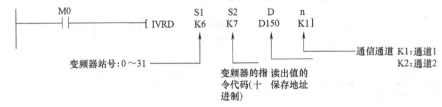

图 5-147　IVRD 指令

说明：程序中 M0 接通过后，IVRD 读出变频器参数指令将 6 号站的变频器中 Pr.07 号参数加速时间值读取到数据寄存器 D150 中。

4）IVWR 写入变频器的参数，举例介绍如图 5-148 所示。

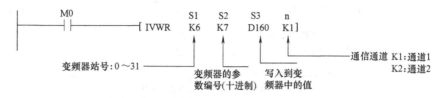

图 5-148 IVWR 指令

说明：程序中 M0 接通过后，IVWR 变频器参数写入指令将数据寄存器 D160 中的值写入到 6 号变频器中的 7 号参数里。

5）IVBWR 成批写入变频器的参数，举例介绍如图 5-149 所示。

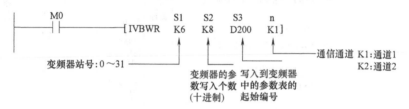

图 5-149 IVBWR 指令

说明：程序中 M0 接通过后，IVBWR 变频器参数成批写入指令将数据寄存器 D200～D215 这 16 个寄存器中的值写入 6 号变频器参数设定中。其中，D200 中的值是参数编号，D201 中的值是参数设定值，后面 14 个寄存器以此类推。

四、任务步骤

1）I/O 分配见表 5-52。

表 5-52 I/O 分配

输入		输出	
X000	停止信号	变频器运行显示	Y000
X001	正转信号	正转运行显示	Y001
X002	反转信号	反转运行显示	Y002
		频率到达频率显示	Y003
		变频器过负荷显示	Y004
		频率检测显示	Y006
		变频器异常显示	Y007

2）接线图如图 5-142 所示。

3）参考控制程序如图 5-150 所示。

图 5-150 参考控制程序

4）任务评价见表 5-53。

表 5-53 任务评价

评估内容	评估标准	配分	得分
I/O 分配	合理分配 I/O 端子	10	
外部接线与布线	按照接线图,正确、规范接线	30	

评估内容	评估标准	配分	得分
梯形图设计	正确编写 PLC 程序	30	
程序检查与运行	下载、运行、监控正确的程序	10	
理解、总结能力	能正确理解实训任务，善于总结实训经验	10	
语言表达能力	清楚地表达实训操作步骤并合理解释实训现象	10	

子任务 5.4.4　CC-Link 通信应用

一、任务目标

掌握 FX3U CC-Link 模块的接线方式、特殊软元件的使用与通信程序的设计。

二、任务要求

1）本实训用主站 PLC 的开关（X000）控制从站 PLC 的指示灯（Y000），从站 PLC 的开关（X000）控制主站 PLC 的指示灯（Y000）。

2）当主站 PLC 的开关（X002）接通时，将 K64 传送给从站 PLC 的 D150；从站 PLC 的开关（X002）接通时，将 K16 传送给主站 PLC 的 D250。

三、相关知识介绍

1. 实训原理

（1）CC-Link 系统介绍　　CC-Link 系统是用专用电缆将分散配置的输入/输出单元、智能功能单元及特殊功能单元等连接起来，并通过可编程序控制器对这些单元进行控制的系统，如图 5-151 所示。

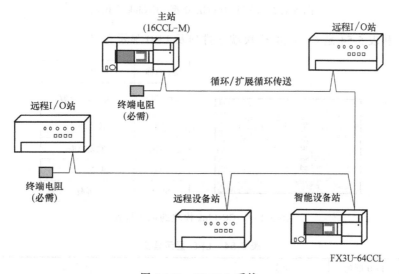

图 5-151　CC-Link 系统

1）主站：用于控制远程 I/O 站、远程装置站和本地站的站点。

2）远程 I/O 站：仅仅处理开关量的远程站点。

3）远程设备站：能够处理开关量和数字量的远程站点。

4）智能设备站：FX3U-64CCL 等可进行瞬时传送的站点。

5）占用站数和站号及台数和站数：

① 占用站数：1 台远程站及智能设备站所使用的网络上的站数。根据数据数，可设置 1 站 ~4 站。

② 站号：主站的站号为 0；远程站及智能设备站分配 1~16 的站号。此外，连接有占用 2 站以上的站点时，应考虑站数再进行设置。

③ 台数和站数：台数是指物理性的单元数量；站数是指远程站及智能设备站的占用站数。

（2）FX3U-16CCL-M 型 CC-Link 主模块介绍 FX3U-16CCL-M 是将 FX3U 等可编程序控制器用作 CC-Link 主站的特殊扩展模块，如图 5-152 所示。1 台可编程序控制器基本单元右侧仅可连接 1 台 16CCL-M。16CCL-M 上可以连接远程 I/O 站、远程设备站及智能设备站。16CCL-M 被当作可编程序控制器的特殊扩展模块对待，从靠近可编程序控制器的特殊扩展模块开始分配 No.0~No.7 的单元编号。

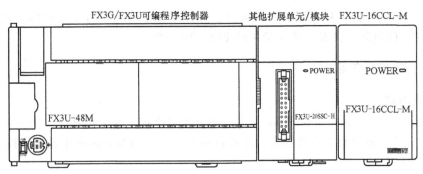

图 5-152　FX3U-16CCL-M 型 CC-Link 主模块

图 5-153 和表 5-54 是 CC-Link 模块端子排列及 LED 显示含义。

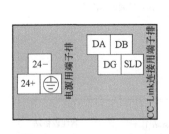

端子名称	内容
24+,24 −	DC 24V 电源
⏚	接地端子
DA,DB	收发数据
DG	数据接地
SLD	屏蔽

图 5-153　CC-Link 模块的端子排列

表 5-54　LED 显示含义

LED 显示	LED 颜色	状态	显示含义
POWER	绿色	灭灯	外部电源（DC 24V）不供电
		亮灯	外部电源（DC 24V）供电中

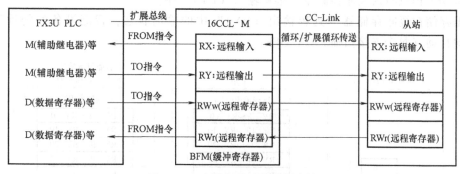

LED 显示	LED 颜色	状态	显示含义
RUN	绿色	灭灯	16CCL-M 死机
		亮灯	16CCL-M 正常动作中
ERR.	红色	灭灯	无异常
		闪烁	有通信异常站点
		亮灯	全部站通信异常、设置异常、参数异常、通信出错、H/W 异常
L. RUN	绿色	灭灯	离线
		亮灯	数据链接执行中（本站）
L. ERR	红色	灭灯	无通信出错
		闪烁	启动后更改了开关设置，无终端电阻，噪声影响
		亮灯	数据链接通信出错（本站），设置异常
SD	绿色	灭灯	无数据发送
		亮灯	数据发送中
RD	绿色	灭灯	无数据接收
		亮灯	数据接收中

1）与智能设备站的通信。FX3U 基本模块与 16CCL-M 之间，通过 FROM/TO 指令（或缓冲存储器的直接指定）经由缓冲存储器进行数据交接，并转换为内部软元件（M、R、D 等）在顺控程序中使用。

图 5-154 是与从站进行循环传送及扩展循环传送。

图 5-154　主站与从站的数据交流

2）数据链接启动。数据链接的启动中，有通过缓冲存储器的数据链接启动和通过网络参数的数据链接启动两种方法。

① 通过缓冲存储器的数据链接启动：将刷新指示（BFM#10 b0）置为 ON，将远程输出（RY）的数据设为有效；刷新指示（BFM#10 b0）为 OFF 时，远程输出（RY）的数据全部作为 0（OFF）处理；将数据链接启动（BFM#10 b6）置为 ON，开始数据链接；数据链接正常开始后，本站数据链接状态（BFM#10 b1）为 ON。

② 通过网络参数的数据链接启动：使用 GX Works2，在基本单元设置网络参数；已设置有网络参数时，数据链接将自动启动（不需要进行数据链接启动处理）。

项目 5　复杂功能控制系统设计

3）远程输入。智能设备站的远程输入（RX）被自动（每个连接扫描）存储到主站的缓冲存储器"远程输入（RX）"中。

图 5-155 所示是使用 FROM 指令将存储在缓冲存储器"远程输入（RX）"中的输入状态导入到 PLC 中。

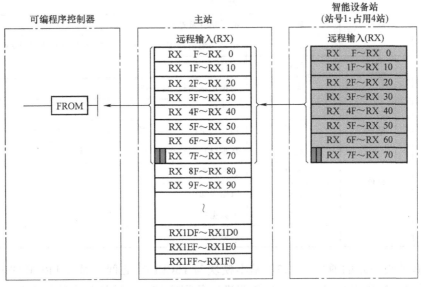

图 5-155　远程输入

4）远程输出。图 5-156 所示为通过 T0 指令将从智能设备站的"远程输出（RY）"输出的 ON/OFF 信息写入缓冲存储器"远程输出（RY）"中。

根据存储在缓冲存储器"远程输出（RY）"中的输出状态，智能设备站的远程输出（RY）被自动（每个连接扫描）ON/OFF。

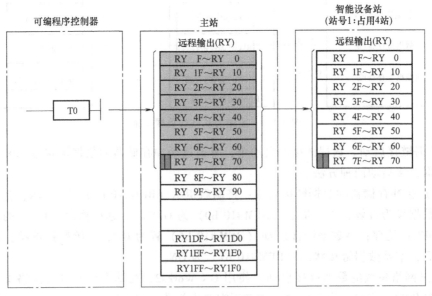

图 5-156　远程输出

5）至远程寄存器（RWw）的写入。图 5-157 所示为通过 T0 指令等，将发送数据写入缓冲存储器"远程寄存器（RWw）"中。

存储在缓冲存储器"远程寄存器（RWw）"中的数据，被自动（每个链接扫描）发送到智能设备站的远程寄存器（RWw）中。

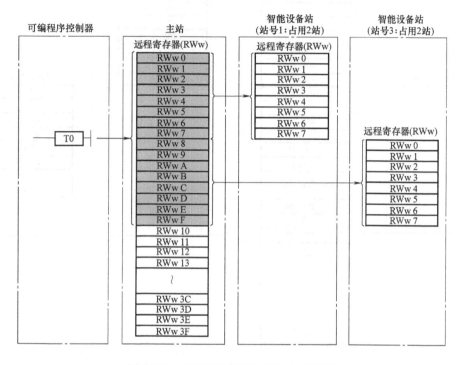

图 5-157　至远程寄存器（RWw）的写入

6）从远程寄存器（RWr）的读取。智能设备站的远程寄存器（RWr）的数据，被自动（每个链接扫描）存储到主站的缓冲存储器"远程寄存器（RWr）"中。

图 5-158 所示为通过 FROM 指令等，将存储在缓冲存储器"远程寄存器（RWr）"中的数据导入可编程序控制器中。

7）16CC-Link 参数设置。对 CC-Link 进行设置数据链接的参数。通过参数设置启动数据链接时，有通过缓冲存储器的数据链接启动和通过 GX Works2 的参数设置的数据链接启动这两种方法（选择一种数据链接启动进行设置即可）。

① 通过缓冲存储器的数据链接启动：

a. 缓冲存储器。将参数信息写入内部存储器所需的暂时性存储区，使用顺控程序将参数信息写入缓冲存储器中。如果主模块的电源变为 OFF，则参数信息会丢失。

b. 内部存储器。通过表 5-55 存储在内部存储器中的参数信息，执行数据链接。如果主模块的电源变为 OFF，则参数信息会丢失。

② 通过 GX Works2 的参数设置的数据链接启动：

a. 网络参数。使用 GX Works2 将网络参数写入可编程序控制器的参数区中，可编程序控制器的电源 ON 时，将被存储到主站的内部存储器中。

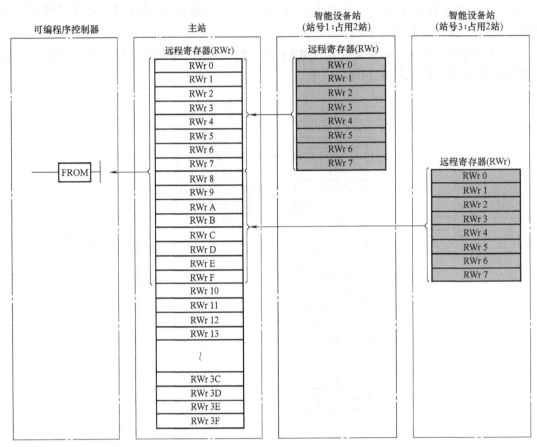

图 5-158　从远程寄存器（RWr）的读取

表 5-55　内部存储器中参数信息

BFM 编号		项目	内　　容	初始值
十六进制数	十进制数			
#0H	#0	模式设置	设置主站的动作模式。设置范围:0—远程网 Ver. 1 模式;1—远程网添加模式;2—远程网 Ver. 2 模式	K0
#1H	#1	连接台数	设置连接至主站的远程站及智能设备站的台数,为 FX3U 系列可编程序控制器时:1~16(台)	K8
#2H	#2	重试次数	设置通信异常时的重试次数,设置范围:1~7(次)	K3
#3H	#3	自动恢复台数	设置可通过 1 个链接扫描恢复的远程站及智能设备站的台数,设置范围:1~10(台)	K1
#6H	#6	CPU 死机时运行指定	设置主站可编程序控制器异常发生时的数据链接状态,设置范围:0—停止;1—继续运行	K0
#0CH	#12	数据链接异常站设置	设置来自数据链接异常站的输入数据的状态,设置范围:0—保持;1—清除	K1

BFM 编号		项目	内　　容	初始值
十六进制数	十进制数			
#0DH	#13	CPU STOP 时设置	设置可编程序控制器 CPU STOP 时的从站刷新/强制清除,设置范围:0—刷新;1—强制清除	K0
#10H	#16	预留站指定	设置预留站,设置范围:0~FFFEH(将与预留站对应的位置为 ON)	K0
#14H	#20	出错无效站指定	设置出错无效站,设置范围:0~FFFFH(将与出错无效站对应的位置为 ON)	K0
#20H~#2FH	#32~#47	站信息	设置连接至主站的远程站及智能设备站的站信息,设置范围:b15~b12　b11~b8　b7~b0 站类型　　占用站数　　站号 1:占用1站　　1~16 (01H~10H) 2:占用2站 3:占用3站 4:占用4站 0H:Ver.1 对应远程 I/O 站 1H:Ver.1 对应远程设备站 2H:Ver.1 对应智能设备站 5H:Ver.2 对应 1 倍设置远程设备站 6H:Ver.2 对应 1 倍设置智能设备站 8H:Ver.2 对应 2 倍设置远程设备站 9H:Ver.2 对应 2 倍设置智能设备站 BH:Ver.2 对应 4 倍设置远程设备站 CH:Ver.2 对应 4 倍设置智能设备站 EH:Ver.2 对应 8 倍设置远程设备站 FH:Ver.2 对应 8 倍设置智能设备站	

　　b. 内部存储器。通过存储在内部存储器中的网络参数,执行数据链接。内部存储器的信息也将被反映到缓冲存储器的参数信息区。如果主模块的电源变为 OFF,则参数信息会丢失。

　　第一步:在网络参数设置界面,进行网络参数的设置,如图 5-159 所示,设置内容见表 5-56。

表 5-56　网络参数设置内容

设置项目	设置内容
连接块	选择是否连接 16CCL-M:无/有
特殊块号	设置 16CCL-M 的特殊模块 No.,设置范围:0~7
运行设置	单击动作设置按钮,即显示动作设置界面
类型	连接模块选择为"有"时,为"主站"固定
数据链接类型	连接模块选择为"有"时,为"主站 CPU 参数自动启动"固定
模式设置	选择主站的动作模式:远程网-Ver.1 模式;远程网-Ver.2 模式;远程网添加模式

（续）

设置项目	设置内容
总连接台数	设置连接至主站的远程站及智能设备站的台数（也包括预留站），设置范围：FX3U/FX3UC 可编程序控制器时为 1~16
重试次数	设置通信异常时的重试次数，设置范围：1~7
自动恢复台数	设置可通过 1 个链接扫描恢复的远程站及智能设备站的台数，设置范围：1~10
CPU 宕机指定	选择主站可编程序控制器异常发生时的数据链接状态：停止/继续运行
站信息设置	单击站信息按钮，即显示站信息设置画面
远程设备站初始设置	单击初始设置按钮，即显示远程设备站初始设置画面

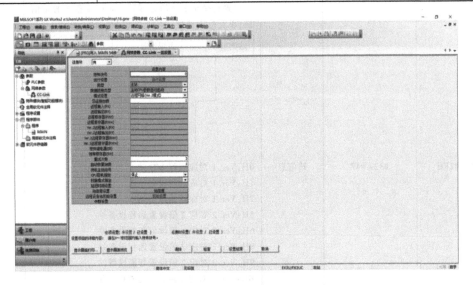

图 5-159　网络参数的设置

8）站信息设置：在 CC-Link 站信息画面，进行站信息的设置，如图 5-160 所示，设置内容见表 5-57。

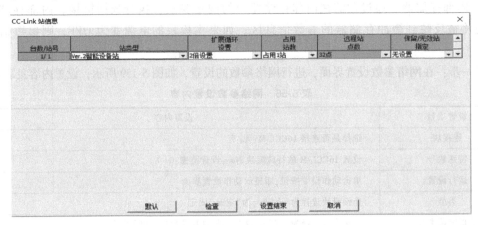

图 5-160　进行站信息的设置

表 5-57 CC-Link 站信息

设置项目	设置内容
台数/站号	显示连接台数/起始站号(包括占用站数)
站类型	选择从站的站类别 模式设置为"远程网-Ver.1 模式"时: 无设置 远程 I/O 站 远程设备站 智能设备站 模式设置为"远程网-Ver.2 模式""远程网-添加模式"时: 无设置 Ver.1 远程 I/O 站 Ver.1 远程设备站 Ver.1 智能设备站 Ver.2 远程设备站 Ver.2 智能设备站
扩展循环设置	站类别为 Ver.2 对应站时,选择扩展循环设置 1 倍 2 倍 4 倍 8 倍
占用站数	选择从站的占用站数 无设置 占用 1 站 占用 2 站 占用 3 站 占用 4 站
远程站点数	根据站类别、占用站数、扩展循环设置显示从站的远程站点数
保留/无效站指定	选择从站的预留站及无效站(出错无效站) 无设置 保留站 无效站

(3) FX3U-64CCL 型 CC-Link 模块的介绍 图 5-161 所示为 FX3U-64CCL 型 CC-Link 扩展模块,用于将 FX3U PLC 连接至 CC-Link 的特殊扩展模块。

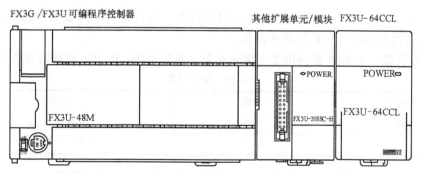

图 5-161 FX3U-64CCL 型 CC-Link 扩展模块

项目5 复杂功能控制系统设计

64CCL 模块作为 CC-Link 的智能设备站进行动作。

1 台可编程序控制器基本单元只能连接 1 台 64CCL。

图 5-162 和表 5-58 是 CC-Link 模块端子排列及 LED 显示含义。

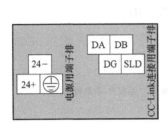

端子名称	内容
24+,24-	DC 24V电源
⏚	接地端子
DA,DB	收发数据
DG	数据接地
SLD	屏蔽

图 5-162　CC-Link 模块的端子排列

表 5-58　LED 显示含义

LED 显示	颜色	状态	显示含义
POWER	绿色	灭灯	外部电源（DC 24V）未供电
		亮灯	外部电源（DC 24V）供电中
RUN	绿色	灭灯	64CCL 死机
		亮灯	64CCL 正常动作中
ERR.	红色	灭灯	无异常
		亮灯	设置异常、参数异常、通信出错、H/W 异常
L RUN	绿色	灭灯	离线
		亮灯	数据链接执行中
L ERR.	红色	灭灯	无通信出错
		闪烁	启动后更改了开关设置,无终端电阻,噪声影响
		亮灯	数据链接通信出错时,设置异常时
SD	绿色	灭灯	无数据发送
		亮灯	数据发送中
RD	绿色	灭灯	无数据接收
		亮灯	数据接收中

拆除 64CCL 的顶盖,通过主机中嵌入的旋转开关可以进行站号设置、传送速度设置、硬件测试、占用站数设置和扩展循环设置。

1）站号设置。表 5-59 是使用 2 个旋转开关（设置范围：0~9）进行站号设置。

表 5-59　站号设置

设置项目	范围	内容
×10	0~6	可设置 1~64
×1	0~9	（0、65~99 时报错）

旋转开关的设置如图 5-163 所示。左上方为 10 位（×10），右上方为 1 位（×1）。

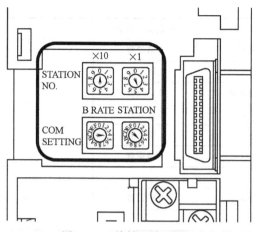

图 5-163　旋转开关的设置

注意：设置 64CCL 的站号时，占用站数设置可以在 1~4 站中选择，请勿设置与其他单元重复的站号。

2）传送速度设置与硬件测试。使用左下方的旋转开关（COM SETTING、B RATE）进行传送速度设置、硬件测试的设置（设置范围：0~4、A~E），见表 5-60。

表 5-60　传送速度设置与硬件测试

设置	内容	状态
0	传送速度 156kbit/s	在线
1	传送速度 625kbit/s	
2	传送速度 2.5Mbit/s	
3	传送速度 5Mbit/s	
4	传送速度 10Mbit/s	
5~9	—	禁止设置
A	传送速度 156kbit/s	硬件测试
B	传送速度 625kbit/s	
C	传送速度 2.5Mbit/s	
D	传送速度 5Mbit/s	
E	传送速度 10Mbit/s	
F	—	禁止设置

3）占用站数设置和扩展循环设置见表 5-61。

表 5-61　占用站数设置、扩展循环设置

设置	占用站数	扩展循环设置	主站的设置
0	占用 1 站	1 倍设置	Ver.1 智能设备站进行设置
1	占用 2 站	1 倍设置	
2	占用 3 站	1 倍设置	
3	占用 4 站	1 倍设置	

（续）

设置	占用站数	扩展循环设置	主站的设置
4	占用1站	2倍设置	
5	占用2站	2倍设置	
6	占用3站	2倍设置	Ver.2智能设备站进行设置
7	占用4站	2倍设置	
8	占用1站	4倍设置	
9	占用2站	4倍设置	
A、B	—	—	—
C	占用1站	8倍设置	Ver.2智能设备站进行设置
D~F	—	—	—

4）64CC-Link 的缓冲寄存器见表 5-62。

表 5-62　缓冲寄存器

BFM No.	内　　容
#0~#7	FROM 指令时：远程输出（RY） TO 指令时：远程输入（RX）
#8~#23	FROM 指令时：远程寄存器（RWw） TO 指令时：远程寄存器（RWr）
#24	传送速度、硬件测试的设置值
#25	通信状态
#26	CC-Link 机型代码
#27	本站站号的设置值
#28	占用站数、扩展循环的设置值
#29	出错代码
#30	FX 系列机型代码
#31	不可使用
#32、#33	链接数据的处理
#34、#35	不可使用
#36	单元状态
#37~#59	不可使用
#60~#63	一致性控制
#64~#77	远程输入（RX000~RX0DF）224 点 通过 TO 指令（或缓冲存储器的直接指定）设置用于向主站发送 ON/OFF 信息
#78~#119	不可使用
#120~#133	远程输出（RY000~RY0DF）224 点 通过 FROM 指令（或缓冲存储器的直接指定）读取从主站接收的 ON/OFF 信息
#134~#175	不可使用
#176~#207	远程寄存器（RWw00~RWw1F）32 点 通过 FROM 指令（或缓冲存储器的直接指定）读取从主站接收的字信息
#208~#303	不可使用
#304~#335	远程寄存器（RWr00~RWr1F）32 点 通过 TO 指令（或缓冲存储器的直接指定）设置用于向主站发送的字信息
#336~#511	不可使用
#512~#543	链接特殊继电器 SB 可通过位信息确认数据链接状态
#544~#767	不可使用

BFM No.	内　　容
#768~#1279	链接特殊寄存器 SW 可通过字信息确认数据链接状态
#1280~	不可使用

2. 站之间的硬件接线

站之间的接线图如图 5-164 所示。

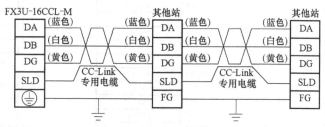

图 5-164　站之间的接线图

3. 可编程序控制器、主站缓冲存储器及智能设备站的关系

（1）远程网 Ver. 1 模式

1）远程输入（RX）、远程输出（RY）如图 5-165 所示。

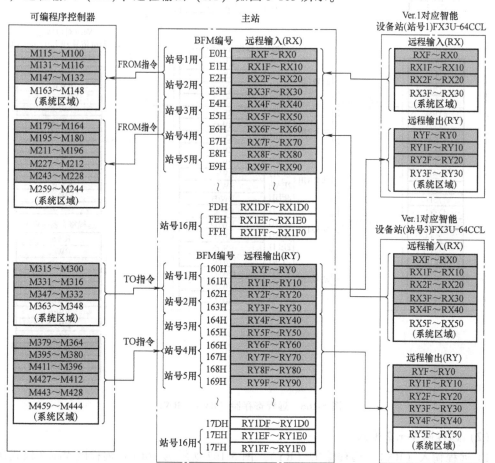

图 5-165　远程输入（RX）、远程输出（RY）

2）远程寄存器（RWw、RWr）如图 5-166 所示。

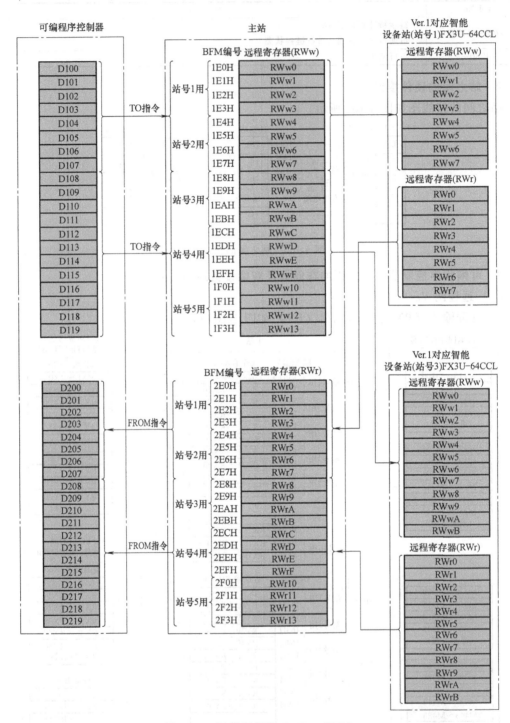

图 5-166　远程寄存器（RWw、RWr）

（2）远程网 Ver. 2 模式

1）远程输入（RX）、远程输出（RY）。图 5-167 所示为 16CCL 远程网 Ver. 2 模式参数。

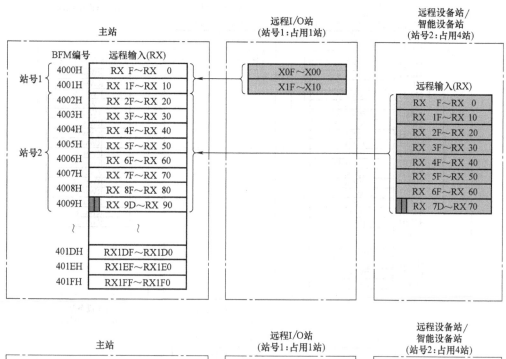

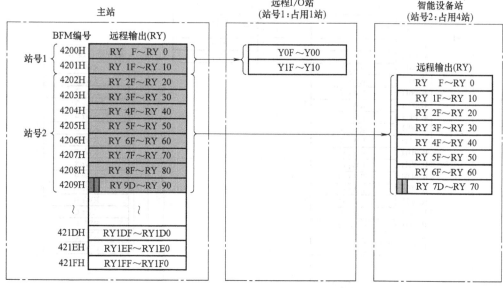

图 5-167 16CCL 远程网 Ver. 2 模式参数

2）远程寄存器（RWw、RWr）。图 5-168 所示为 16CCL 远程网 Ver. 2 远程寄存器模式参数。

表 5-63 所列是 64CCL 缓冲寄存器功能。

4. 缓冲存储器内容读取到 PLC

如何读取特殊功能模块缓冲存储器（BFM）的内容读到 PLC？

（1）读特殊功能模块指令 FROM 将特殊功能模块缓冲存储器（BFM）的内容读到

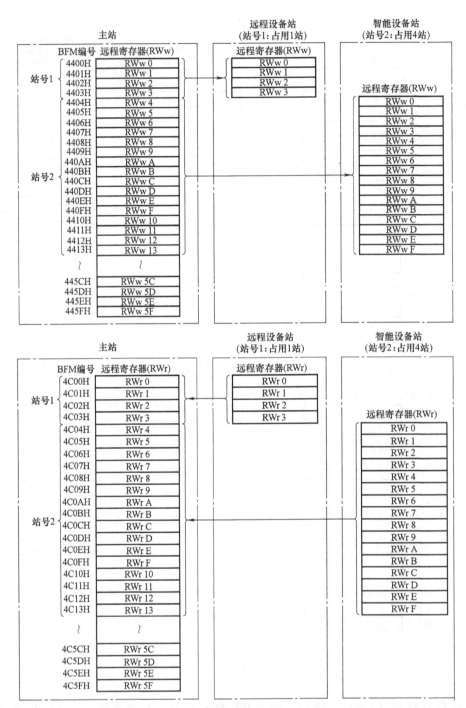

图 5-168   16CCL 远程网 Ver. 2 远程寄存器模式参数

PLC 的指令。读特殊功能模块指令 FROM 无源操作数。目标操作数 ［D ·］为 KnY、KnM、KnS、T、C、D、V 和 Z。其他操作数：m1 指定特殊功能模块的编号（m1 = 0 ~ 7），m2 指定缓冲存储器（BFM）的编号（m2 = 0 ~ 32766），n 指定传送字节数（16 位指令 n = 1 ~ 32767，32 位指令 n = 1 ~ 16383）。

表 5-63　64CCL 缓冲寄存器功能

BFM No.	功　能
#64～#77	远程输入(RX000～RX0DF)224 点 通过 TO 指令(或缓冲存储器的直接指定)设置用于向主站发送 ON/OFF 信息
#120～#133	远程输出(RY000～RY0DF)224 点 通过 FROM 指令(或缓冲存储器的直接指定)读取从主站接收的 ON/OFF 信息
#176～#207	远程寄存器(RWw00～RWw1F)32 点 通过 FROM 指令(或缓冲存储器的直接指定)读取从主站接收的字信息
#304～#335	远程寄存器(RWr00～RWr1F)32 点 通过 TO 指令(或缓冲存储器的直接指定)设置用于向主站发送的字信息

图 5-169 中的 X000 为 ON 时，FROM 指令将单元号为 0、缓冲存储器编号为#2～#3 的内容读取至 PLC 的数据寄存器 D0～D1 中。

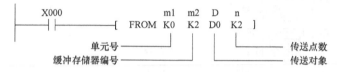

图 5-169　读特殊功能模块指令

（2）写特殊功能模块指令　写特殊功能模块指令 TO，是由可编程序控制器对特殊功能模块的缓冲存储器（BFM）写入数据的指令。

写特殊功能模块指令 TO 的源操作数 [S] 可取所有的数据类型，m1、m2、n 的取值范围与读特殊功能模块指令相同。

图 5-170 中的 X001 为 ON 时，将单元号为 0、缓冲存储器编号为#0 的内容写入 PLC 的 D10 中。

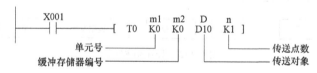

图 5-170　写特殊功能模块指令

M8028 为 ON 时，在 FROM 和 TO 指令执行过程中，禁止中断；此期间发生的中断，在 FROM 和 TO 指令执行完后执行。M8028 为 OFF 时，在 FROM 和 TO 指令执行过程中，不禁止中断。

四、任务步骤

1）I/O 分配见表 5-64。

表 5-64　I/O 分配

输入		输出	
X000	主/从站开关	主/从站指示灯	Y000
X002	主/从站开关		

2）接线图参见图 5-165。

3）参数设定与程序设计。CC-Link 远程网添加模式、远程网 Ver. 1 模式、远程网 Ver. 2 模式的参数设定与参考程序如下：

① 使用远程网添加模式时参数设定与 PLC 参考程序：

a. 远程网添加模式设置如图 5-171 所示。

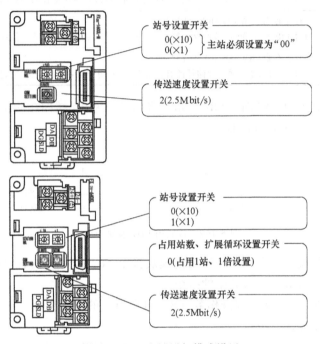

图 5-171　远程网添加模式设置

b. 程序流程图如图 5-172 所示。

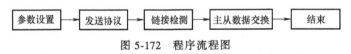

图 5-172　程序流程图

c. 参考程序如图 5-173 所示。

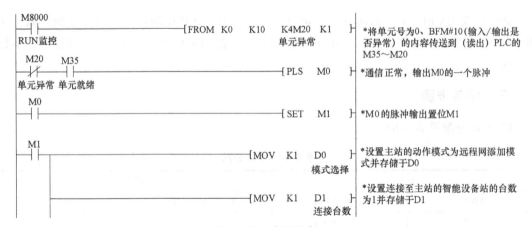

图 5-173　参考程序

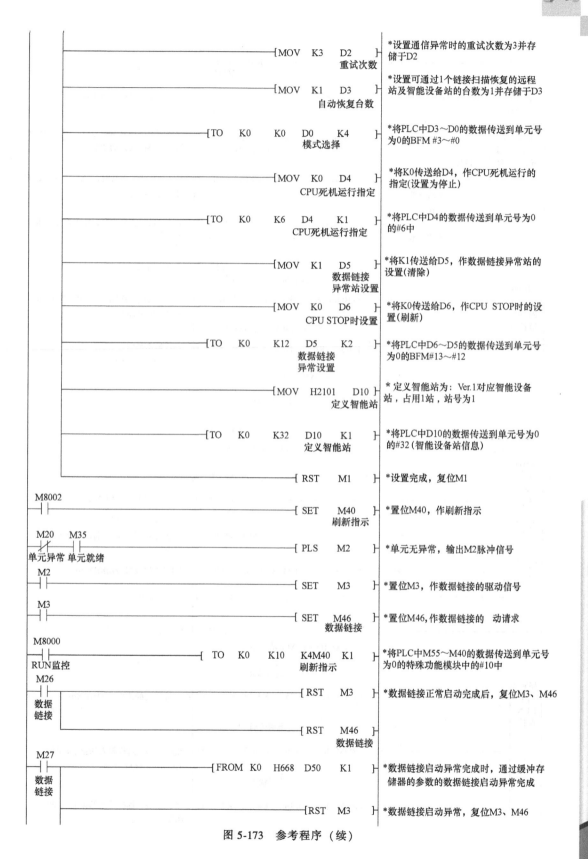

项目 5 复杂功能控制系统设计

图 5-173　参考程序（续）

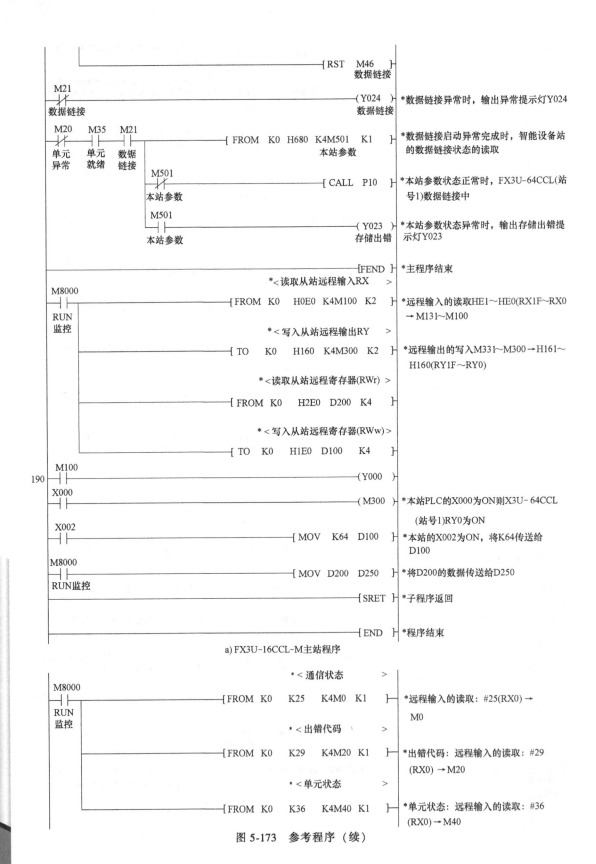

```
                                                    ─[ RST  M46  ]─
                                                         数据链接
     M21
    ──┤/├──                                             ─( Y024 )─      *数据链接异常时，输出异常提示灯Y024
     数据链接                                              数据链接

     M20   M35   M21
    ──┤/├──┤├──┤├──          ─[ FROM  K0  H680  K4M501  K1 ]─   *数据链接启动异常完成时，智能设备站
     单元   单元  数据                           本站参数              的数据链接状态的读取
     异常   就绪  链接
                    M501
                  ──┤├──                              ─[ CALL  P10 ]─   *本站参数状态正常时，FX3U-64CCL(站
                  本站参数                                              号1)数据链接中
                    M501
                  ──┤/├──                             ─( Y023 )─       *本站参数状态异常时，输出存储出错提
                  本站参数                              存储出错          示灯Y023

                                                    ─[ FEND ]─         *主程序结束
                                *<读取从站远程输入RX       >
     M8000
    ──┤├──                    ─[ FROM  K0  H0E0  K4M100  K2 ]─  *远程输入的读取HE1~HE0(RX1F~RX0
     RUN                                                          →M131~M100
     监控
                                *< 写入从站远程输出RY     >
                              ─[ TO  K0  H160  K4M300  K2 ]─    *远程输出的写入M331~M300→H161~
                                                                 H160(RY1F~RY0)
                                *<读取从站远程寄存器(RWr) >
                              ─[ FROM  K0  H2E0  D200  K4 ]─    *读取从站远程寄存器(RWr)

                                *<写入从站远程寄存器(RWw) >
                              ─[ TO  K0  H1E0  D100  K4 ]─      *写入从站远程寄存器(RWw)
         M100
190 ─────┤├──                                        ─( Y000 )─
         X000
        ──┤├──                                        ─( M300 )─      *本站PLC的X000为ON则X3U-64CCL
                                                                        (站号1)RY0为ON
         X002
        ──┤├──                              ─[ MOV  K64  D100 ]─     *本站的X002为ON，将K64传送给
                                                                        D100
         M8000
        ──┤├──                              ─[ MOV  D200  D250 ]─    *将D200的数据传送给D250
         RUN监控
                                                    ─[ SRET ]─        *子程序返回

                                                    ─[ END ]─         *程序结束
```

a) FX3U-16CCL-M主站程序

```
                                *< 通信状态           >
     M8000
    ──┤├──                    ─[ FROM  K0  K25  K4M0  K1 ]─   *远程输入的读取：#25(RX0)→
     RUN                                                         M0
     监控
                                *< 出错代码           >
                              ─[ FROM  K0  K29  K4M20  K1 ]─   *出错代码：远程输入的读取：#29
                                                                 (RX0)→M20
                                *< 单元状态           >
                              ─[ FROM  K0  K36  K4M40  K1 ]─   *单元状态：远程输入的读取：#36
                                                                 (RX0)→M40
```

图 5-173 参考程序（续）

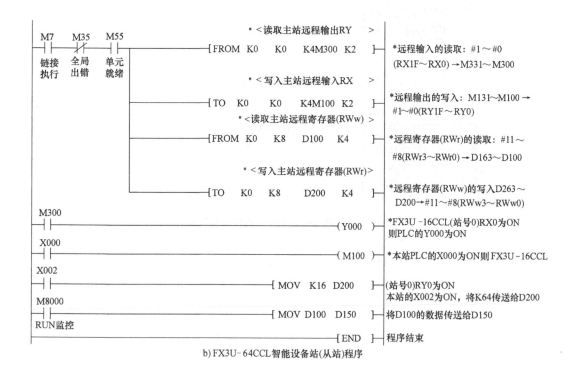

M7 链接执行	M35 全局出错	M55 单元就绪	* ‹读取主站远程输出RY › ┤FROM K0 K0 K4M300 K2├	*远程输入的读取：#1~#0 (RX1F~RX0)→M331~M300
			* ‹写入主站远程输入RX › ┤TO K0 K0 K4M100 K2├	*远程输出的写入：M131~M100→ #1~#0(RY1F~RY0)
			* ‹读取主站远程寄存器(RWw) › ┤FROM K0 K8 D100 K4├	*远程寄存器(RWr)的读取：#11~ #8(RWr3~RWr0)→D163~D100
			* ‹写入主站远程寄存器(RWr)› ┤TO K0 K8 D200 K4├	*远程寄存器(RWw)的写入D263~ D200→#11~#8(RWw3~RWw0)
M300			(Y000)	*FX3U-16CCL(站号0)RX0为ON 则PLC的Y000为ON
X000			(M100)	*本站PLC的X000为ON则FX3U-16CCL
X002			┤MOV K16 D200├	(站号0)RY0为ON 本站的X002为ON，将K64传送给D200
M8000 RUN监控			┤MOV D100 D150├	将D100的数据传送给D150
			┤END├	程序结束

b) FX3U-64CCL智能设备站(从站)程序

图 5-173 参考程序（续）

② 使用远程网 ver.1 模式时参数设定与 PLC 参考程序。

a. 主站的设置如图 5-174 所示。

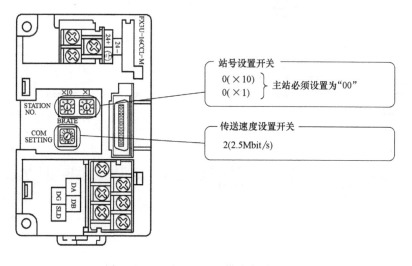

图 5-174 远程网 ver.1 模式主站的设置

b. 智能设备站的设置如图 5-175 所示。

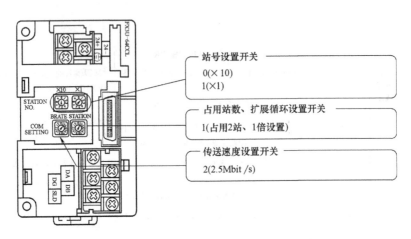

图 5-175　远程网 ver.1 模式智能设备站的设置

c. 参数设置如图 5-176 所示。

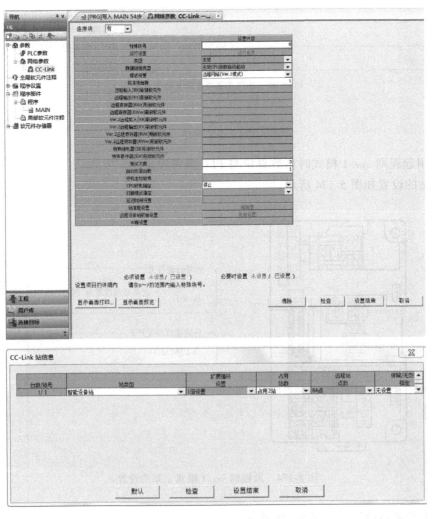

图 5-176　远程网 ver.1 模式参数设置

d. PLC 参考程序如图 5-177 所示。

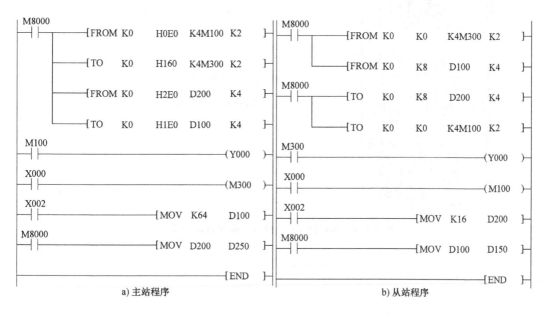

a) 主站程序   b) 从站程序

图 5-177　PLC 参考程序

③ 使用远程网 ver. 2 模式时参数设定与 PLC 参考程序。

a. 主站的设置如图 5-178 所示。

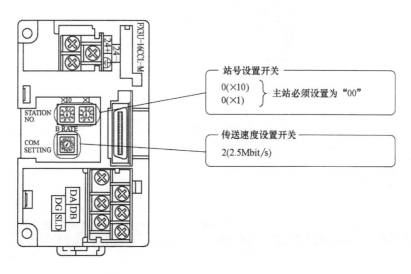

图 5-178　远程网 ver. 2 模式主站的设置

b. 智能设备站的设置如图 5-179 所示。

c. 参数设置如图 5-180 所示。

d. PLC 参考程序如图 5-181 所示。

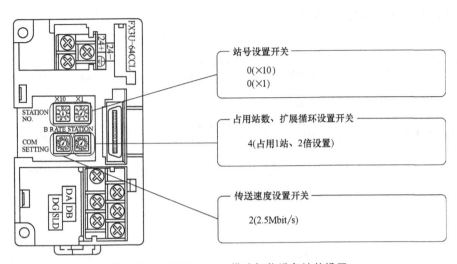

图 5-179　远程网 ver.2 模式智能设备站的设置

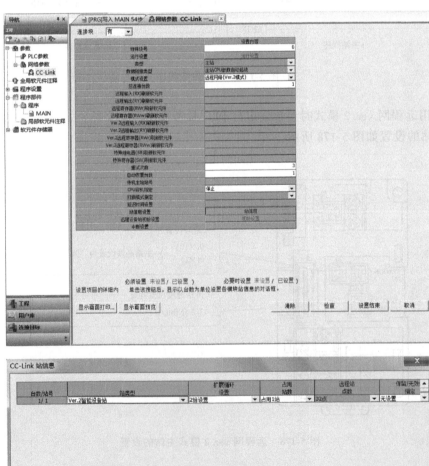

图 5-180　远程网 ver.2 模式参数设置

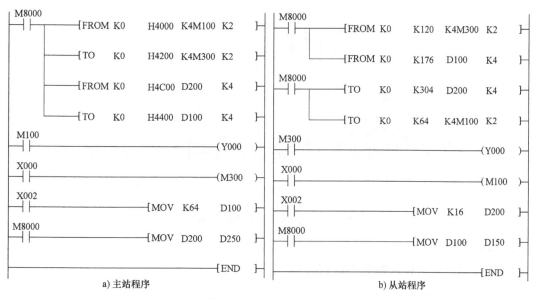

图 5-181 PLC 参考程序

4）任务评价见表 5-65。

表 5-65 任务评价

评估内容	评估标准	配分	得分
I/O 分配	合理分配 I/O 端子	10	
外部接线与布线	按照接线图，正确、规范接线	30	
梯形图设计	正确编写 PLC 程序	30	
程序检查与运行	下载、运行、监控正确的程序	10	
理解、总结能力	能正确理解实训任务，善于总结实训经验	10	
语言表达能力	清楚地表达实训操作步骤并合理解释实训现象	10	

五、任务拓展

CC-Link 通信应用二

使用远程网 ver.1 模式时，通过程序完成以下控制：

将主站 PLC 的 X000 置为 ON，则 FX3U-64CCL（站号 1）的 Y000 为 ON。

将主站 PLC 的 X001 置为 ON，则 K64 写入给 FX3U-64CCL（站号 1）的 D150。

将主站 PLC 的 X002 置为 ON，则 FX3U-64CCL（站号 2）的 Y001 为 ON。

将主站 PLC 的 X003 置为 ON，则 K2 写入给 FX3U-64CCL（站号 2）的 D170。

将 FX3U-64CCL（站号 1）的 X000 置为 ON，则主站 PLC 的 Y000 为 ON。

将 FX3U-64CCL（站号 1）的 X002 置为 ON，则 K16 写入给主站 PLC 的 D250。

将 FX3U-64CCL（站号 2）的 X001 置为 ON，则主站 PLC 的 Y010 为 ON。

将 FX3U-64CCL（站号 2）的 X002 置为 ON，则 K1616 写入给主站 PLC 的 D270。

1）实训原理：远程网 ver.1 模式，为连接有 2 台智能设备站（FX3U-64CCL）的系统，如图 5-182 所示。

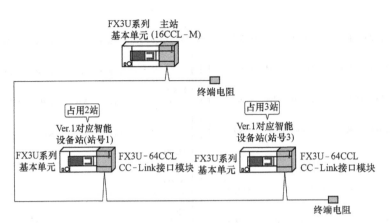

图 5-182　连接有 2 台智能设备站系统

2）站的设置：

① 主站的开关类设置如图 5-183 所示。

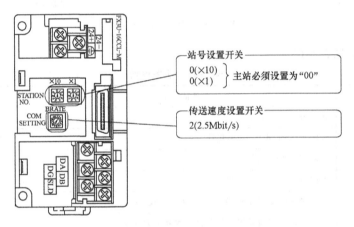

图 5-183　主站的开关类的设置

② 智能设备站（FX3U-64CCL）的开关类设置：

FX3U-64CCL（站号 1）的设置如图 5-184 所示。

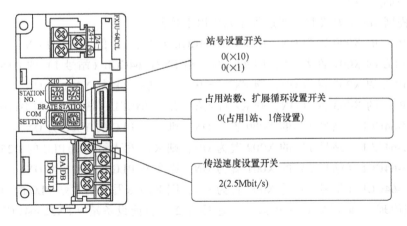

图 5-184　站号 1 的设置

FX3U-64CCL（站号2）如图 5-185 所示。

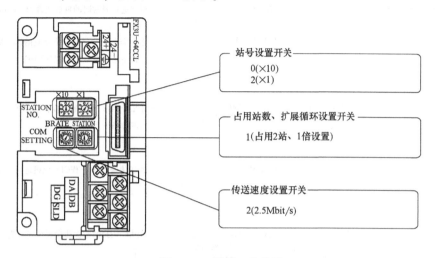

图 5-185　站号 2 的设置

3）接线图如图 5-186 所示。

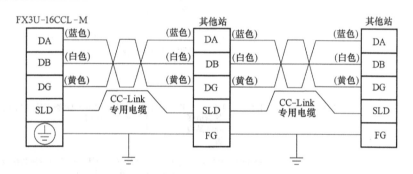

图 5-186　接线图

4）参考程序如图 5-187 所示。

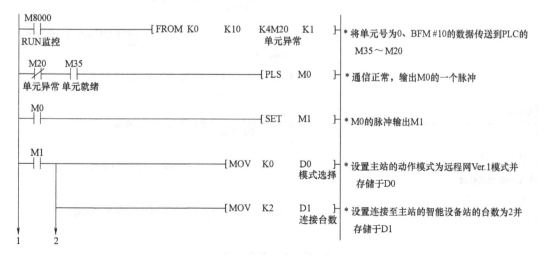

图 5-187　参考程序

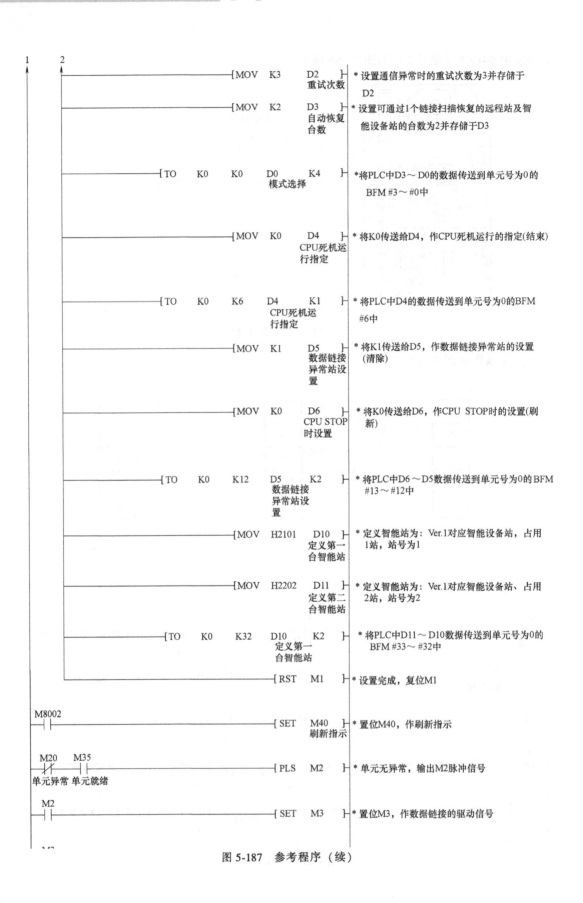

图 5-187　参考程序（续）

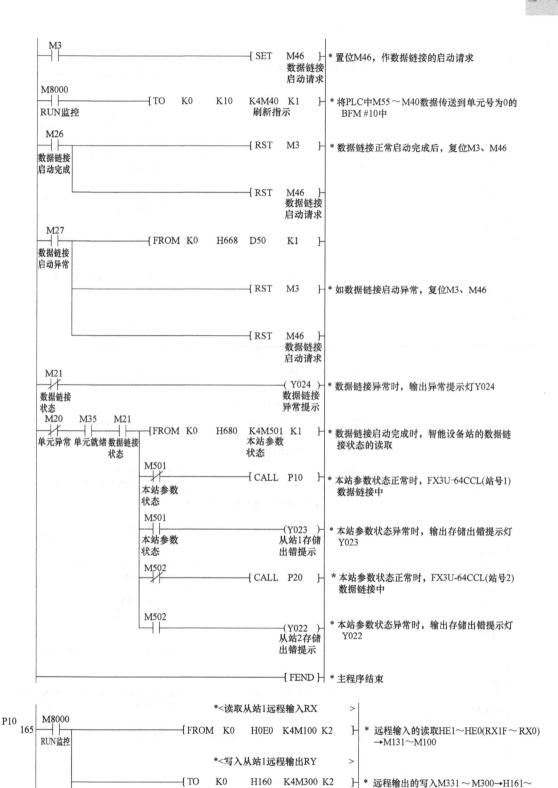

项目 5　复杂功能控制系统设计

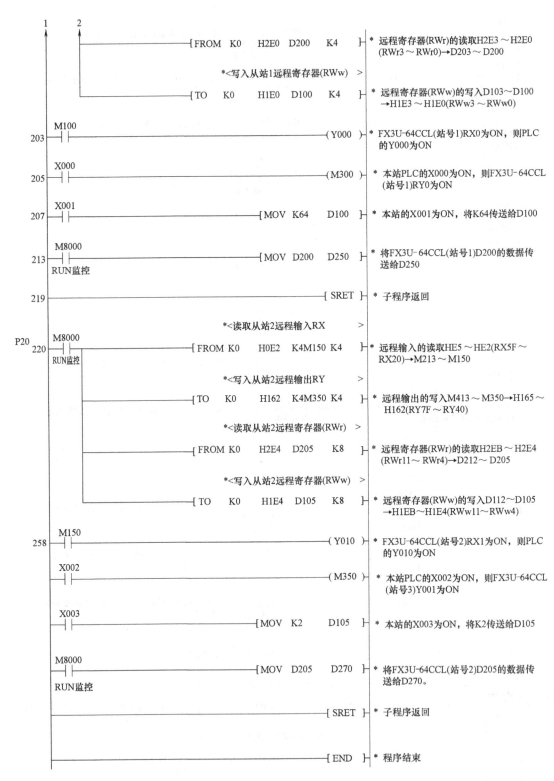

a) 主站程序

图 5-187　参考程序（续）

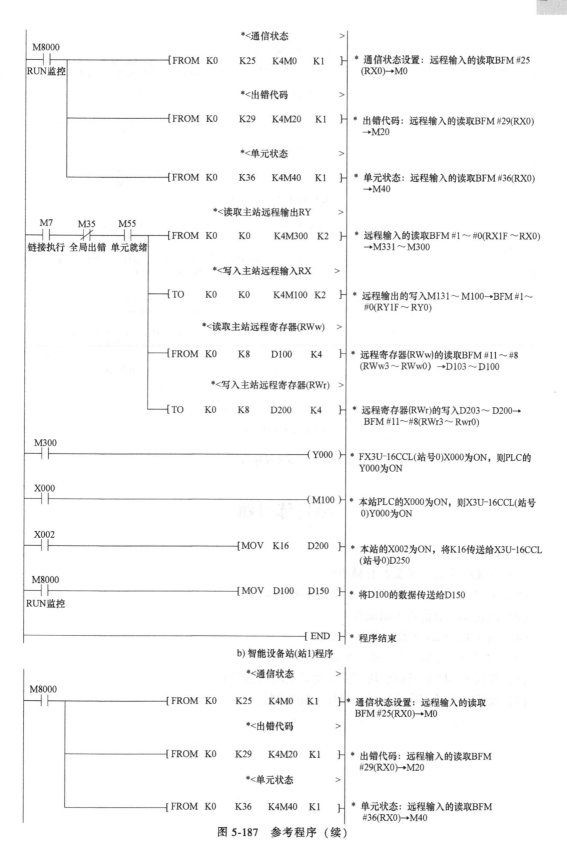

图5-187 参考程序（续）

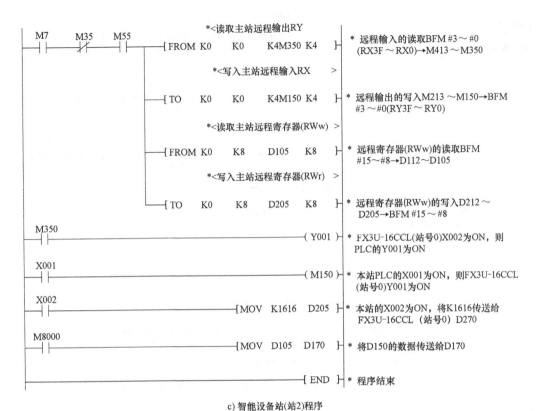

c) 智能设备站(站2)程序

图 5-187　参考程序 （续）

项目练习题

简答题:

(1) 功能指令的组成要素有哪些?

(2) 选用 A/D 或 D/A 模块需要考虑哪些因素?

(3) 简述 485 通信的控制流程。

(4) 简述 CC-Link 通信的控制流程。

(5) 编写程序完成 （20+30)×3 /10 的值。

(6) 使用 CC-Link 通信模块完成电动机正/反转控制。

(7) 使用 485 通信完成电动机顺序起动控制。

附录

附录 A　PLC 编程训练练习题

一、基本指令类

（1）起保停电路设计　X000 接通 X001 断开 Y000 输出；X001 接通时，Y000 关断输出，即 X000 为起动按钮，X001 为停止按钮，Y000 为输出。

（2）正反转控制电路设计　有一正转起动按钮 X000，一反转起动按钮 X001，一停止按钮 X002，正转输出 Y000，反转输出 Y001，要求输入输出互锁。

（3）单按钮控制　利用一个按钮控制电动机的起动与停止，X000 第一次接通时 Y000 输出，电动机运转；X000 第二次接通时 Y000 关断输出，电动机停止。

（4）混合控制　一台电动机既可点动控制，也可以长动控制。X000 为点动按钮，X001 为长动的起动按钮，X002 为长动的停止按钮，Y000 为输出点控制电动机运转。两种控制方式之间要求互锁。

（5）联锁控制　某设备由两人操作，甲按起动按钮 X000，乙按起动按钮 X001 后 Y000 输出设备才可以起动，两按钮不要求同时按；按下停止按钮 X002 后设备停止。

（6）顺序控制　每按一次起动按钮，起动一台电动机；每按一次停止按钮，停掉最后起动的那台电动机；按下紧急停止按钮，停止所有的电动机。X000 为起动按钮，X001 为停止按钮，X002 为紧急停止按钮，Y000，…，Y003 为电动机控制的输出点。

（7）正反转　按下起动按钮 X000 电动机正转，机床正向移动，当撞到正向限位开关 X002 时，电动机停止；接着反转起动，机床反向移动，当机床撞到反向限位开关 X003 时，电动机停止，又正转运行，如此循环。当按下停止按钮 X001 后机床不会马上停止，而是反转到位后才停止，Y000 为正转输出，Y001 为反转输出。

（8）两灯交替闪烁　当按下起动按钮 X000，Y000 亮 1s 后灭，Y001 亮 2s，如此循环。当按下停止按钮 X001，输出停止。

（9）小功率电动机的丫-△控制　一个起动按钮 X000，一个停止按钮 X001，一个主输出 Y000，丫输出 Y001，△输出 Y002，用定时器完成设计，并要求两种控制互锁。

（10）大功率电动机的丫-△控制　一个起动按钮 X000，一个停止按钮 X001，一个主输出 Y000，丫输出 Y001，△输出 Y002，用两个定时器，一个起动延时用，一个是丫转△时延时 0.2s 用，要求互锁。

（11）延时起动延时停止　按下起动按钮 X000 延时 3s 电动机起动，按下停止按钮 X001 延时 5s 电动机停止，电动机控制输出点为 Y000。

（12）延时自动关断　按下起动按钮X000，Y000输出。30s后Y000输出停止，任意时刻按下停止按钮X001，Y000立即停止输出。

（13）五台电动机顺序起动逆序停止　按下起动按钮X000，第一台电动机起动Y000输出，每过5s起动一台电动机，直至五台电动机全部起动；当按下停止按钮X001，停止最后起动的那台电动机，每过5s停止一台，直至五台电动机全部停止，任意时刻按下停止按钮都可以停掉最后起动的电动机。

（14）控制方式选择　有一个选择按钮X000，按一下时电动机可点动控制，按5s时为长动控制，按10s时为起动后延时自动停止。X001为起动按钮，X002为停止按钮，Y000为输出控制点，切换选择方式时Y000必须是输出0。

（15）设计一个计时程序　统计设备的运行时间，能显示时、分、秒，使用计数器完成设计。

（16）自动正反转控制　按下起动按钮X000，电动机正转运行，2min后停止2s，后反转2min停2s，如此循环。按下停止按钮X001后电动机停止运转，Y000为正转输出，Y001为反转输出。

（17）计数程序　有一台冲床在冲垫片，要对所冲的垫片进行计数，即冲床的滑块下滑一次，接近感应开关X002动作，计数器计数，计够数后自动停机，要冲下一批产品时，必须对计数器进行复位才能起动。

（18）使用计数器与定时器完成设计　某机床运行500h后需更换某个易损零件或换机油等。这时某个指示灯点亮，或触摸屏给出一条提示，但我们所用的定时器的定时时长是有限的，最长也不到1h，所以要配合使用计数器解决此问题。

（19）顺序控制　一台气缸控制的机械手有上、下、左、右、夹紧和松开6个动作，这6个动作的执行是顺序执行的，程序要有手动调试模式、半自动模式和全自动模式、回原点模式。输入分配：X000起动按钮，X001停止按钮，X002回原点模式选择，X003手动模式，X004半自动模式，X005全自动模式，X006上限位，X007下限位，X010左限位，X011右限位，X012夹紧，X013松开，X014手动上移，X015手动下移，X016左行，X017右行，X020夹紧，X021松开。输出分配：Y000上移，Y001下移，Y002左行，Y003右行，Y004夹紧，Y005松开。

（20）顺序控制的分支与汇合　某排钻有4个机头，可同时钻4个孔，设备面板上有4个选择开关，可以选择某个机头的使用与否。每个机头都有上下两个限位开关，当工作平台到位后，所选择的排钻下行钻孔，碰到下限位开关后上行，碰到上限位开关后停止；若有某个机头的上限位开关没动作，设备的工作平台就不能移动，输入、输出可自行设计分配。

二、功能指令类

（21）传送指令应用　8个按钮（K2X000）点动控制8台电动机（K2Y000）。

（22）传送指令应用　某设备可制作两种型号的产品，由一个选择开关X000进行切换选择。当X000接通时制作大型号的产品，按下起动按钮X001后Y000输出10s自动停止；当X000关断时制作小型号的产品，按下起动按钮X001后Y000输出5s自动停止。

（23）块传送指令应用　制作不同型号的产品要调用不同的参数，每组有3个参数，例如灌注机灌注不同的产品，温度和压力不同，灌注时间也不一样，选择某个型号要调用对应的那组参数。X000 为小型号选择按钮，X001 为中型号选择按钮，X002 为大型号选择按钮。

（24）比较指令应用 1　8 个按钮对应 8 个输出点，输入与输出相对应，按某个按钮后对应的那个输出点输出，其他输出点为 0。

（25）比较指令应用 2　温度低于 15℃ 时亮黄灯（Y000），温度高于 35℃ 时亮红灯（Y001），其他情况亮绿灯（Y002）。

（26）比较指令应用 3　5 盏灯顺序点亮，每盏灯亮 2s，按下起动按钮 X000 第一盏灯亮 1s 时第二盏灯亮；在第 2s 时，第一盏灯灭第三盏灯亮。如此循环。按下停止按钮，所有的灯都熄灭。

（27）数学运算指令应用 1　计数（25.5×14.6)/79+465 等于多少？

（28）数学运算指令应用 2　一个圆的直径是 100mm，要切一个最大的正方形，求正方形的边长。

（29）逻辑运算指令应用 1　有 6 个按钮（X000～X005）点动控制 6 个输出点（Y000～Y005），还有一起保停控制。起动按钮 X006，停止按钮 X007，输出 Y006。

（30）逻辑运算指令应用 2　8 个按钮点动控制对应 8 个输出点，但是这 8 个按钮有的接常开有的接常闭。

（31）逻辑运算指令应用 3　8 组单按钮起动停止，X000～X007 控制 Y000～Y007，每组单独控制，互不相干。

（32）逻辑运算指令应用 4　8 组单按钮起动停止，X000～X007 控制 Y000～Y007，同一时刻只能有一组操作有效。例如，X000 控制了 Y000 输出后，再按其他按钮无效，必须是 X000 再次接通 Y000 停止输出后才能操作控制其他某一点输出。

（33）逻辑运算指令应用 5　8 个按钮 X000～X007 控制 8 个点的输出 Y000～Y007，要带记忆。例如，按下按钮 X000，Y000 输出，而且保持输出；再按下按钮 X003，Y003 保持输出，不考虑关断输出。

（34）变址应用 1　一条制作鞋底的生产线要生产 10 种型号的产品，每种型号有 3 个模具，由灌注机对模具进行注料。不同型号的模具其灌注时间不同。X000 为模具感应开关，Y000 为注料电磁阀，即 X000 感应到有模具时，Y000 输出已设定好的一段时间停止。每灌注一组模具后自动调下一组模具的参数使用。

（35）变址应用 2　将 10 个数据存入 10 个寄存器，当 X000 接通时，查询某个寄存器里的值（由 D10 指定 1～10），将查询的结果存入到 D0；当 X001 接通时，将 D0 里的值存入由 D10 指定的（1～10）寄存器里。

（36）跳转指令应用 1　用跳转指令做单按钮起动停止，即 X000 接通时 Y000 输出，X000 再次接通时 Y000 关断输出。

（37）跳转指令应用 2　锯床切割木板，在运行当中要实现暂停。当按下起动按钮时，Y000 输出，锯片旋转，2s 后 Y001 输出，工作平台正向移动。当工作平台碰到限位开关 X003 时，Y001 停止输出，2s 后 Y002 输出，工作平台反向移动，碰到限位开关 X004 时 Y000 和 Y002 停止输出。机床在运行中，按下暂停按钮 X002，工作平台暂停移动，锯片停止旋转，暂停解除后继续工作。

（38）跳转指令应用 3　气缸控制的机械手在工作中要实现暂停，各电磁阀为双头中孔封闭电磁阀。Y000 为输出控制上升电磁阀，X000 为上限位磁环感应开关；Y001 为下降电磁阀，X001 为下限位磁环感应开关；Y002 为左移电磁阀，X002 为左限位磁环感应开关；Y003 为右移电磁阀，X003 为右限位开关；Y004 为夹紧电磁阀，X004 为夹紧到位感应开关；Y005 为松开电磁阀，X005 为松开到位感应开关。起动按钮 X006，停止按钮 X007，暂停按钮 X010。

（39）循环指令应用 1　将数字 1+2+3+4+…+100 等于多少？用循环指令完成程序，X000 接通时，将运算结果存入 D0。

（40）循环指令应用 2　将 D0+D2+D4+…+D10 等于多少？用循环指令配合变址，X000 接通时，将运算结果存入 D100。

（41）循环与变址指令应用　当 X000 接通时，将数值 1，2，3，…，100 分别存入 D1，D2，D3，…，D100。

（42）移位指令应用 1　6 盏灯循环点亮，即 Y000~Y005 每隔 1s 点亮一盏灯，周期循环。

（43）移位指令应用 2　5 台电动机顺序起动，顺序停止。按下起动按钮 X000，Y000~Y004 顺序输出；按下停止按钮 X001，Y000~Y004 顺序熄灭。

（44）移位指令应用 3　5 台电动机顺序起动，逆序停止。按下起动按钮 X000，Y000~Y004 顺序输出；按下停止按钮 X001，Y004~Y000 顺序熄灭。

（45）移位指令应用 4　8 盏彩灯有三种工作方式。第一种：按下起动按钮 X000，Y000~Y007 间隔 1s 顺序点亮一盏灯；当 Y007 点亮时，1s 后 Y006~Y000 间隔 1s 逆序点亮一个灯。第二种：当 Y000 点亮时，由 Y000~Y007 顺序全部点亮；当 Y007 点亮时，由 Y007~Y000 顺序熄灭。第三种：当 8 盏灯都熄灭 1s 后 8 灯点亮，1s 后 8 灯熄灭，如此交替闪烁 3 次后回到方式一。

（46）移位指令应用 5　有 7 台空压机，每天运行 6 台休息 1 台，每 24h 切换一次。若某台空压机出现故障时马上停机，休息的那台马上投入运行，直至故障解除后再循环切换。X000~X006 为 7 台空压机的故障输入点，Y000~Y007 为控制 7 台空压机的输出点。按下起动按钮 X007，6 台空压机每 5s 顺序起动一台；按下停止按钮 X010，6 台空压机每 5s 顺序停止一台。

（47）移位指令应用 6　产品检测分拣机，输送带上的产品经过一台检测装置时，检测装置输出检测结果到 X000。若 X000 为 0，则产品 OK；若 X000 为 1，则产品 NG。X001 为产品到位的感应开关，经感应开关过去的 7 个产品位置有一个推产品的气缸。产品 NG 时 Y000 输出，气缸动作，产品被推出，2s 后 Y000 输出 0，气缸退回。

（48）SFWR 与 SFRD 指令应用 1　8 个按钮 X000~X007 对应 8 个输出点 Y000~Y007，操作按钮的顺序与输出点的动作顺序一致，同时只能有一个 Y 点输出，时间间隔为 2s。例如，输入点的接通顺序为 X000—X002—X003—X005，输出点的输出顺序为 Y000—Y002—Y003—Y005。

（49）SFWR 与 SFRD 指令应用 2　停车场车位监控，某停车场有 50 个车位，有车开进停车场时感应开关 X000 先动作，感应开关 X001 后动作，此时车位数减 1；当车从停车场开出时，X001 先动作，X000 后动作，此时车位数加 1；当车位数为 0 时 Y000 输出亮红灯，否则 Y001 输出亮绿灯。

（50）编码译码指令应用 1　参数选择按钮 X000~X007，对应 8 个指示灯 Y000~Y007。

按任意按钮，只有一个参数被选中，只有一个指示灯亮。

（51）编码译码指令应用2　5台风机顺序起动，逆序停止，每按一次起动按钮 X000 起动一台风机，每按一次停止按钮 X001 停止一台风机。

（52）高速计数指令应用1　用编码器测量机床位置，不论机床朝正方向移动还是朝反方向移动，都已知机床的当前位置，有一原点位置感应开关 X010，当原点位置感应开关接通时，机床的当前位置为0。

（53）高速计数指令应用2　用编码器测量电动机转速。

（54）高速计数指令应用3　正反转控制，按下起动按钮 X000，Y000 输出，电动机正转，计数器计到 N 个脉冲（D0）后电动机停止，过5s后 Y001 输出，电动机反转，计数器计到 N 个脉冲（D0）后电动机停止。

（55）高速计数指令应用4　用编码器做简易的多点定位控制，点数和位置都可以设置，按下起动按钮 X000 时，Y000 输出，电动机正转起动，到达设定的第一点位置停止，过5s电动机又正转起动，到达设定的第二点位置停止，直至到达设定的最后一点位置停止后，过5sY001 输出，电动机反转返回到原点停止。假如要运行3点：点数设定 D100 = 3，第一点脉冲数 D0 = 10000，第二点脉冲数 D2 = 15000，第三点脉冲数 D4 = 20000，那么机床要返回原点的脉冲数为 D0+D2+D4 = 45000。

（56）PWM 脉宽输出　按下起动按钮 X000，Y000 脉宽输出，在脉冲输出过程中修改脉冲周期和脉冲宽度后自动更新输出。按下停止按钮 X001，Y000 停止输出。

（57）伺服点动控制　X000 = 1 机床正向运行，X000 = 0 机床停止；X001 = 1 机床反向运行，X001 = 0 机床停止。

（58）伺服回原点控制　当按下回原点按钮时，伺服反转，机床朝负方向移动，限位开关 X000 动作时，伺服停止，过0.2s后伺服正转，朝正方向移动一段距离停止，将当前位置定为原点。

（59）回原点　当按下回原点按钮时，伺服反转，机床朝负方向移动，参考点 X010 接通时，对编码器的 Z 相信号进行计数，用中断进行处理，当计够数时伺服马上停止，当前位置定为原点。

（60）往返控制　一台机床由伺服电动机拖动一工作平台作往返运动，行程可调，按下起动按钮 X010 机床正向运动，到位后停止，0.2s后反向运动，到原点后停止。

（61）机床绝对位置控制　先做好回原点和当前位置计数，输入机床的目标位置后，机床自动朝目标位置移动，到位后停止。

（62）多点定位　机床要移到多个位置进行钻孔，各位置和点数可调，按下起动按钮 X010，机床朝设定的第一个点移动，到位后停止；2s后机床朝第二点移动，到位后停止，直至到达最后一点后停止，2s后返回到原点。

（63）多点定位控制　机床要移到多个位置进行钻孔，各位置和点数可调，按下起动按钮 X010，机床朝设定的第一个点移动，到位后停止，2s后机床朝第二点移动，到位后停止，直至到达最后一点后停止；下次按起动按钮后机床逆序移动，直至到达第一点后停止。

（64）子程序应用1　调用子程序作单按钮起动停止。X000 接通调用子程序 0，Y000 输出 1，X000 再次接通时调用子程序 0，Y000 输出 0。

（65）子程序应用2　某设备有手动和自动控制方式。当选择开关 X017 接通时调用自动子程序，设备以自动方式运行；当选择开关 X017 关断时调用手动子程序，设备以手动方式执行。

（66）子程序应用 3　用中断程序作启动停止。

（67）子程序应用 4　用中断程序实现精确计时。

（68）子程序应用 5　用中断程序作脉冲输出。

（69）ASCI 指令与 HTA 指令应用　将 D0、D1 里面的十六进制数 12345678 转换为 ASCII 存入 D100~D108。

（70）N∶N 网络通信 1　两台 PLC 间实现交替控制，主站 PLC 的 K1X000 控制从站 PLC 的 K1Y0，从站 PLC 的 K1X000 控制主站 PLC 的 K1Y000 点动控制。

（71）N∶N 网络通信 2　三台 PLC 相互控制，主站的 K1X000 控制从站 1 的 K1Y000，从站 1 的 K1X000 控制从站 2 的 K1Y000，从站 2 的 K1X000 控制主站的 K1Y000 点动控制。

（72）RS 无协议通信 1　两台 PLC 相互控制，甲机的 K1X000 控制乙机的 K1Y000，乙机的 K1X000 控制甲机的 K1Y000，点动控制。

（73）RS 无协议通信 2　PLC 与变频器的 ASCII 通信，控制电动机的正转、反转、停止，改变频率，读取当前频率和当前电流。

（74）RS 无协议通信 3　PLC 与变频器的 RTU 通信，控制电动机的正转、反转、停止，改变频率，读取当前频率和当前电流。

（75）RS 无协议通信 4　PLC 与台达温控器（DTA）的 ASCII 通信，改变温度设定值，读取当前温度值。

（76）模拟量应用 1　将模拟量 0~10V 通过 A/D 模块的 CH1 把当前值转换为 0.0~15.0 之间的实数。

（77）模拟量应用 2　将模拟量 0~10V 通过 A/D 模块的 CH1 把当前值转换为 2.0~15.0 之间的实数。

（78）模拟量应用 3　将模拟量 4~20mA 通过 A/D 模块的 CH1 把当前值转换为 0.0~15.0 之间的实数。

（79）模拟量应用 4　将实数 0.0~10.0 通过 D/A 模块的 CH1 转换为 0~10V 的电压输出。

（80）模拟量应用 5　将实数 0.0~10.0 通过 D/A 模块的 CH1 转换为 4~20mA 的电流输出。

附录 B　三菱 FX 系列 PLC 功能指令一览表

分类	FNC NO:	指令助记符	功　能	D 指令	P 指令
程序流控制	00	CJ	条件跳转	—	○
	01	CALL	调用子程序	—	○
	02	SRET	子程序返回	—	—
	03	IRET	中断返回	—	—

分类	FNC NO:	指令助记符	功　　能	D 指令	P 指令
程序流控制	04	EI	开中断	—	—
	05	DI	关中断	—	—
	06	FEND	主程序结束	—	—
	07	WDT	监视定时器	—	○
	08	FOR	循环区开始	—	—
	09	NEXT	循环区结束	—	—
传送与比较	10	CMP	比较	○	○
	11	ZCP	区间比较	○	○
	12	MOV	传送	○	○
	13	SMOV	移位传送	—	○
	14	CML	取反	○	○
	15	BMOV	块传送	—	○
	16	FMOV	多点传送	○	○
	17	XCH	数据交换	○	○
	18	BCD	求 BCD 码	○	○
	19	BIN	求二进制码	○	○
四则运算与逻辑运算	20	ADD	二进制加法	○	○
	21	SUB	二进制减法	○	○
	22	MUL	二进制乘法	○	○
	23	DIV	二进制除法	○	○
	24	INC	二进制加一	○	○
	25	DEC	二进制减一	○	○
	26	WAND	逻辑字与	○	○
	27	WOR	逻辑字或	○	○
	28	WXOR	逻辑字异或	○	○
	29	NEG	求补码	○	○
循环移位与移位	30	ROR	循环右移	○	○
	31	ROL	循环左移	○	○
	32	RCR	带进位位循环右移	○	○
	33	RCL	带进位位循环左移	○	○
	34	SFTR	位右移	—	○
	35	SFTL	位左移	—	○
	36	WSFR	字右移	—	○
	37	WSFL	字左移	—	○
	38	SFWR	FIFO 写入	—	○
	39	SFRD	FIFO 读出	—	○

（续）

分类	FNC NO:	指令助记符	功 能	D 指令	P 指令
数据处理	40	ZRST	区间复位	—	○
	41	DECO	编码	—	○
	42	ENCO	编码	—	○
	43	SUM	求置 ON 位的总和	○	○
	44	BON	ON 位判别	○	○
	45	MEAN	平均值	○	○
	46	ANS	报警器置位	—	—
	47	ANR	报警器复位	—	○
	48	SQR	二进制平方根	○	○
	49	FLT	二进制整数与浮点数转换	○	○
高速处理	50	REF	刷新	—	○
	51	REFE	滤波调整	—	○
	52	MTR	矩阵输入	—	—
	53	HSCS	比较置位(高速计数器)	○	—
	54	HSCR	比较复位(高速计数器)	○	—
	55	HSZ	区间比较(高速计数器)	○	—
	56	SPD	脉冲密度	—	—
	57	PLSY	脉冲输出	○	—
	58	PWM	脉宽调制	—	—
	59	PLSR	带加速减速的脉冲输出	○	—
方便指令	60	IST	状态初始化	—	—
	61	SER	查找数据	○	○
	62	ABSD	绝对值式凸轮控制	○	—
	63	INCD	增量式凸轮控制	—	—
	64	TTMR	示教定时器	—	—
	65	STMR	特殊定时器	—	—
	66	ALT	交替输出	—	—
	67	RAMP	斜坡输出	—	—
	68	ROTC	旋转工作台控制	—	—
	69	SOTC	列表数据排序	—	—
外部设备 I/O	70	TKY	十键输入	○	—
	71	HKY	十六键输入	○	—
	72	DSW	数字开关输入	—	—
	73	SEGD	七段译码	—	○
	74	SEGL	带锁存七段码显示	—	—

分类	FNC NO:	指令助记符	功　　能	D 指令	P 指令
外部设备 I/O	75	ARWS	方向开关	—	—
	76	ASC	ASCII 码转换	—	—
	77	PR	ASCII 码打印输出	—	—
	78	FROM	读特殊功能模块	○	○
	79	TO	写特殊功能模块	○	○
外部设备	80	RS	串行通信指令	—	—
	81	PRUN	八进制位传送	○	○
	82	ASCI	将十六进制数转换成 ASCII 码	—	○
	83	HEX	ASCII 码转换成十六进制数	—	○
	84	CCD	校验码	—	○
	85	VRRD	模拟量读出	—	○
	86	VRSC	模拟量区间	—	○
	88	PID	PID 运算	—	—
	110	ECMP	二进制浮点数比较	○	○
	111	EZCP	二进制浮点数区间比较	○	○
浮点数	118	EBCD	二进制浮点数→十进制浮点数变换	○	○
	119	EBIN	十进制浮点数→二进制浮点数变换	○	○
	120	EADD	二进制浮点数加法	○	○
	121	ESUB	二进制浮点数减法	○	○
	122	EMUL	二进制浮点数乘法	○	○
	123	EDIV	二进制浮点数除法	○	○
	127	ESQR	二进制浮点数开方	○	○
	129	INT	二进制浮点→二进制整数转换	○	○
	130	SIN	浮点数 SIN 演算	○	○
	131	COS	浮点数 COS 演算	○	○
	132	TAN	浮点数 TAN 演算	○	○
	147	SWAP	上下位变换	○	○
	160	TCMP	时钟数据比较	—	○
	161	TZCP	时钟数据区间比较	—	○
时钟运算	162	TADD	时钟数据加法	—	○
	163	TSUB	时钟数据减法	—	○
	166	TRD	时钟数据读出	—	○
	167	TWR	时钟数据写入	—	○
	170	GRY	格雷码转换	○	○
	171	GBIN	格雷码逆转换	○	○

（续）

分类	FNC NO:	指令助记符	功 能	D 指令	P 指令
外设	224	LD=	(S1)=(S2)	○	—
	225	LD>	(S1)>(S2)	○	—
触点比较	226	LD<	(S1)<(S2)	○	—
	228	LD<>	(S1)≠(S2)	○	—
	229	LD≤	(S1)≤(S2)	○	—
	230	LD≥	(S1)≥(S2)	○	—
	232	AND=	(S1)=(S2)	○	—
	233	AND>	(S1)>(S2)	○	—
	234	AND<	(S1)<(S2)	○	—
	236	AND<>	(S1)≠(S2)	○	—
	237	AND≤	(S1)≤(S2)	○	—
	238	AND≥	(S1)≥(S2)	○	—
	240	OR=	(S1)=(S2)	○	—
	241	OR>	(S1)>(S2)	○	—
	242	OR<	(S1)<(S2)	○	—
	244	OR<>	(S1)≠(S2)	○	—
	245	OR≤	(S1)≤(S2)	○	—
	246	OR≥	(S1)≥(S2)	○	—

注：表中有"○"者表示可用 D 或 P 指令。

参 考 文 献

[1] 郭琼. PLC 应用技术 [M]. 2 版. 北京：机械工业出版社，2014.

[2] 戴一平. PLC 控制技术（基本篇）[M]. 北京：清华大学出版社，2013.

[3] 杨杰忠. PLC 应用技术（三菱）[M]. 北京：机械工业出版社，2013.

[4] 王少华. 电气控制与 PLC 应用 [M]. 长沙：中南大学出版社，2013.